欧 洲 鸟 类
BIRDS OF EUROPE

〔英〕约翰·古尔德　著

宋龙艺　译

北京理工大学出版社
BEIJING INSTITUTE OF TECHNOLOGY PRESS

随着人类不断地开发使用自然界，
许许多多的动物物种将会逐渐地
从很多最适宜的栖息地上消失，
被迫退到人迹罕至的地方。
我们或许可以预测到，
非洲广袤的平原将会是它们
寻找生存和栖息机会的最后避难所。
直到最后，
或许和渡渡鸟一样，
很多物种也将会灭绝，
留下遗迹，任我们带着百般的好奇和遗憾去调查。

——约翰·古尔德

《欧洲鸟类》导读

这本书能教给你观察的能力和对自然的热爱

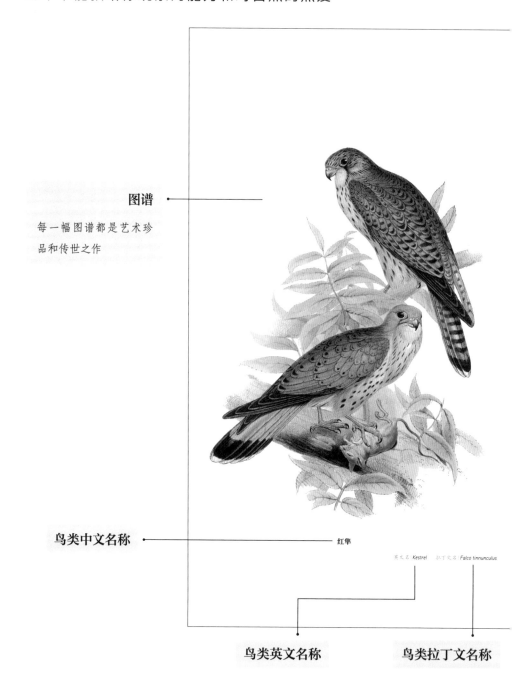

图谱

每一幅图谱都是艺术珍品和传世之作

鸟类中文名称 —————————— 红隼

英文名 | Kestrel   拉丁文名 | Falco tinnunculus

鸟类英文名称   **鸟类拉丁文名称**

红隼

猛禽 / 隼形目 / 隼科 / 隼属

　　这种本地的隼属鸟类可以说是最为常见的一种。在整个欧洲大陆上它们的分布十分普遍，而且在亚洲和非洲的一些地区，海岸边或者内陆上，它们的分布都十分普遍；整个非洲北部都成了红隼的自然栖息地。

　　尽管我们认为红隼在美洲尚未被发现，但是在那片浩瀚的大陆上人们已经发现了几种鸟类，无论身形还是颜色，都与旧大陆红隼十分相近。而且它们可以形成隼家族中最自然的一个种群。

　　人们每天都可以在田野和荒原上空看见红隼优雅地飞来飞去寻找着自然界当中的食物。它们的食物包括田鼠、青蛙、小鸟以及昆虫。在寻找食物的时候，它们的注意力常常会突然间被地面上的一个目标吸引住，这时它们就会在空中做出最恰当的姿势，努力扇动又长又尖锐的翅膀，猛烈地向它们的食物扑上去。当它们再次升起到空中的时候，人们常常能看见猎物被牢牢地抓握在了它们有力的尖爪中，接着它们会飞去某个暂时的歇脚地享用美食，而在繁殖季节，它们则会直奔自己的巢穴将食物带给雏鸟。

　　三岁大的雄性红隼若是羽翼丰满，必然是十分精美又朴素的颜色。另外，它们的轮廓是完美的对称，毫无疑问可以称得上是同属中最美丽的鸟类了。雌性红隼在第一次换羽时不会发生变化；两岁以前的雄雌红隼从外观上看是分辨不出来的；这就是为什么有这样大比例的鸟类身着这样的羽毛，但是到了第二年却相对只有很少留下来了。

　　红隼的性情相对要温和一些，也没有那么勇敢。尽管很容易被驯化，但是却显然不能被用在捕猎活动当中。不过有一些作者也描述过它以前曾被训练来捕捉鹌和鹧鸪。它们常常会利用乌鸦或喜鹊废弃的巢穴来繁殖，不过它们也经常会将卵产在裸露的岩石壁架上。红隼的卵常常每窝有4~6枚，为棕红色，有深色的斑点，强度差异非常大。雏鸟和苍鹰的雏鸟一样，从第一个月就全身覆盖着白色的绒毛。

观察笔记

每一篇观察笔记都极其详尽，是鸟类学著述的典范之作

鸟类的生态类群

分为猛禽、攀禽、鸣禽、陆禽、涉禽和游禽6大类群

鸟类的目、科、属分类

正文部分

国内首次中文迻译，对学习鸟类知识和自然观察有着极大裨益

欧洲鸟类

目 录
CONTENTS

卷二 栖鸟类（Ⅰ）

卷三 栖鸟类（Ⅱ）

卷四　抓地觅食家禽

卷五　长足涉水禽

卷六　游禽

序 言

人们常说异域的生物吸引了我们大部分人的兴趣，而我们身边的生物却没能获得恰当的关注——这显然是对的。大量昂贵的彩图让我们熟悉了世界上其他大部分国家的鸟类，但是我们对本应该最感兴趣的欧洲鸟类却没有足够的了解。这本书就是要弥补这一不足。在编写本书的过程中，我受到了许多人的帮助，我十分感激。我也希望这部作品能让所有给予了无私帮助的人足够满意。

我编写这本囊括整个欧洲的鸟类的书，主要是出于以下几方面的考虑：第一，相似的书籍还没有出版过，正在编著的倒是有几本；第二，一本只写英国鸟类的书籍永远不会是完美的，因为不时会有新的物种从欧洲各个地区来到英国；除此以外，我还希望欧洲大陆的鸟类学家能和我们的鸟类学家一样关注我的作品。我想尽全力完美地呈现这部作品，为此我走访了欧洲大陆上几乎所有的鸟类收藏处，为的是亲眼观察各个物种的样子再去描绘它们；但是如果以后有新的物种被充满热情的鸟类学家们发现，我还要继续将它们以补录的形式呈现在读者面前，好让这部作品尽可能地完美。至于之所以忽略了大陆鸟类学家们列出的少数物种，一是因为我从没有看到它们的样本，二是因为我怀疑它们就是我们已经了解的某些物种。

在物种编排顺序的问题上，我国目前通常采用维戈尔先生(Vigors)的观点，因此我也采用了这样的方法，但是对某些部分略微做了调整。在每属鸟类的再分问题上，我或许比大多数鸟类学家做得更多一些，但同时我相信细分每属物种是有必要的。这将有助于自然学家们的研究工作。我认为某些鸟类还需要再细分才合适。我在本书中省略了一些次要的亚属，但是这些省略不会造成实质性的影响。我也知道，本书中难免会存在一些小错误，但是我希望读者们能够宽容地看待，毕竟这本书的编写工作从开始到完成只用了短短五年的时间，期间我还做了许多其他的工作。

我要感谢动物学会委员会在这个过程中给我提供的诸多帮助，还要感谢他们允许我将这本书敬献给动物学会委员会。这本书的顺利出版和被读者的接受，在很大程度上也要归功于动物学会。我还要真诚地感谢动物学会允许我在任何需要的时候去观察研究他们博物馆中的宝贵藏品。我也要感谢大陆上大多数公共博物馆的无私帮助。特明克先生是莱顿国立自然史博物馆的理事，他在自然历史方面的作品有十分珍贵的价值。我要感谢他给我提供的大量帮助，没有他的帮助，我的工作还将无限期地延迟。事实上，他甚至让我来介绍和描述一些新的物种。我很高兴今天这部作品在相当程度上是完善的，但是如果没有这位杰出的博物学家慷慨的帮助，这几乎是不能实现的。我相信，科学界一定会看到并且赞扬特明克先生的慷慨无私。贝内特先生的不幸早逝让我十分悲痛，他生前对我的作品一直十分关注，因此我也要在这里自豪地感谢他以诸多的才华、善良和亲切的举止给我带来的影响和帮助。

我也要在此补充，本书中的大部分插图都是我的夫人参照我从野外带来的速写和略图绘制和印刷的。其他的画作则是李尔先生绘制的，李尔先生的绘画天赋极高，这显然不需要我再说明。我还要感谢贝菲尔德先生仔细准确地为我的插图上色，他长久以来对我的无私帮助令我无以为报。

约翰·古尔德
1837 年 8 月 1 日

BIRDS OF EUROPE
VOLUME I
RAPTORES

卷　一

猛　禽

西域兀鹫

英文名 | *Griffon Vulture / Eurasian Griffon*　　拉丁文名 | *Gyps fulvus*

西域兀鹫

猛禽 / 鹰形目 / 鹰科 / 兀鹫属

与其他能够较长时间高空飞行的鸟儿相比，兀鹫的身材和力量都要更加卓越。它们是热带地区特有的物种，食物主要包括腐烂的动物组织，这些鸟儿天生具有巧妙地啄走这些食物的本领。它们的飞行速度极快，样子很优雅。某种未知的能力，或许是嗅觉，可以带领它们来到恶臭的美餐前面；飞行很远的距离，也不迷路。它们还可以在空中盘升很高，常常到人的肉眼看不见的苍穹深处。在这样的一群物种当中，尤其是与旧大陆的同类物种相比，西域兀鹫尤其引人注目。

西域兀鹫分布广泛，在西班牙、土耳其以及整个欧洲南部和非洲北部数量都很多；它们在欧洲北部和中部国家的山区也出现过，但是在不列颠群岛上人们还未曾发现过野生的西域兀鹫。

和它们家族的其他成员一样，西域兀鹫比较喜欢吃腐肉和腐烂的动物组织。除非十分必要，它们不会捕猎活的动物。在饱食之后，西域兀鹫很容易被捉住。这种鸟儿并不像鹰那样拥有凶残野蛮的天性；相反，一旦被捉住，它们会变得很温和，容易被驯化。它们唯一的爱好似乎就是满足口腹之欲，一旦这一点得到满足，就会完全满足了。

西域兀鹫常常在最令人难以置信的悬崖峭壁上繁殖下一代；它们的卵是暗淡的灰白色，上面有暗红色的斑块。

成年的西域兀鹫头部和颈部上，覆盖着短短的白色绒毛；颈部下半部分环绕着一圈细长的羽毛，颜色同样为白色或是淡淡的红色；胸前也有一小块地方是白色的绒毛；背部和腹部羽毛是茶灰色的，而正羽是棕黑色的；腹部有些许红褐色；鸟喙是蓝黄色的；蜡膜颜色更深；眼球虹膜为淡褐色；足为浅棕色：全部长度有 1.2 米。和其他的大型捕食鸟类一样，雄性西域兀鹫的个头要比雌性小一些。

幼鸟与成鸟的外貌有很大区别；头部和颈部的绒毛是灰白色，有棕色的杂色；其他的羽毛是极浅的黄色，散布着灰色或白色的斑块。

我们的彩图中呈现的是一只羽翼丰满的成年西域兀鹫。

秃鹫

英文名 | *Cinereous Vulture*　　拉丁文名 | *Aegypius monachus*

秃鹫

猛禽／鹰形目／鹰科／秃鹫属

这种身量最大的欧洲秃鹫格外吸引我们的眼球。它们的颈部部分赤裸，耳朵外露，爪弯曲，鸟喙十分有力。现代的作者们认为更典型的秃鹫脚爪其实并没有那么弯曲，鸟喙也更长，但是没有力量。此种秃鹫与上述不同，因此它们更容易抓住和带走活的猎物。在贝内特先生参与描绘非洲南部的一种秃鹫时，这一显著的特点当然被观察力敏锐的贝内特先生注意到了。这种秃鹫与我们在此描述的秃鹫，无论体型外貌还是结构都非常相似。这位先生阐述了自己关于这种鸟儿的观点，他认为这种鸟儿具备足够鲜明的特点，使它们足以构成一种新的物种。尽管我们此处描述的秃鹫并没有贝内特先生所描述的秃鹫皮肤上那样的纵向褶皱，但是我们与其认为这影响到它们的自然属性，倒不如认为这只是一种具体的特征。我们完全同意贝内特先生细分这一家族的想法。

秃鹫在欧洲的栖息地主要是广袤的匈牙利森林、罗迪尔山区、瑞士阿尔卑斯山、比利牛斯山以及西班牙中部和意大利；在其他地区偶尔也能看到它们的身影。

它们的食物主要是死亡和腐烂的动物尸体。它们几乎从来不会吃活的动物，甚至连最小的活的动物都能让它们产生恐惧。但是在冬季，它们往往出现在平原上，攻击绵羊、野兔、山羊，甚至是鹿。这种鸟儿让农民们遭了不少罪，因为它们常常会啄走绵羊的眼球。但是由于它们并不是一种十分羞怯的生物，这给猎人们带来了一些好处。

关于它们筑巢和孵卵的习惯，我们还一无所知。

羽毛是深巧克力色的。每一根羽毛的边缘颜色都比较淡；头部以及颈部的上半部分覆盖着绒毛，喉咙下面有一缕颔毛，与羽毛颜色一致。颔的基部、颈部前面以及两侧裸露的部位、跗骨和爪趾都是泛青的肉色；颔的尖部以及爪子都是黑色的，眼睛虹膜是深棕色的。

我们的彩图中呈现的是一只成年的雄性秃鹫。

白兀鹫

英文名 | *Egyptian Vulture*　拉丁文名 | *Neophron percnoterus*

白兀鹫

猛禽／鹰形目／鹰科／白兀鹫属

白兀鹫属于鹰科，而鹰科家族的生物在世界的每一片炎热的土地上都有广泛的分布。白兀鹫喜欢食用腐烂的动物尸体。它们看起来不能够飞行，似乎即使是为了逃跑也不愿意卖点力气。因此要抓住一只白兀鹫，并不是一件十分困难的事情。

到直布罗陀海峡、西班牙邻近地区、地中海岛屿、土耳其以及非洲北海岸去的游人们，一定会被这种惊人的鸟儿吸引住。它们的体型相对较小，因此常常成群结队相伴出现。和它们家族的其他成员一样，它们也是大自然的清道夫，是典型的食腐动物。它们总是在寻找着腐烂的动物尸体和组织，并将臭气熏天的美餐大口地吞咽掉，极少会攻击活的动物。

成年的雌性和雄性白兀鹫，性情以及羽毛的颜色都十分相近；相反，幼年的雌雄白兀鹫在各方面都是截然不同的。我们的彩图中显示的两只鸟儿的不同正是如此。我们很少会注意到它们成熟时的羽毛是在逐渐的变化中形成的，这个过程大概会持续2～3年的时间；幼年时期，它们的羽毛是黑色的，而成年后就会变成雪白色。

据说它们喜欢在最让人意想不到的悬崖峭壁上筑巢；至于它们的卵，我们了解的还很少。

成年鸟类的脸部和蜡膜是赤裸的，颜色是漂亮的黄色；正羽是黑色的，其他的羽毛完全是纯白色的；枕骨后面的羽毛长且窄；鸟喙是黄色的，角状的尖部是黑色的；跗骨和足部是暗淡的浅黄色。

彩图中是一只成年的白兀鹫和一只一岁大的小白兀鹫。

白肩雕

英文名 | *Imperial Eagle*　拉丁文名 | *Aquila heliaca*

白肩雕

猛禽 / 鹰形目 / 鹰科 / 雕属

这种高贵的鸟类在欧洲的栖息地和分布范围，远比其同属的金雕狭窄得多。白肩雕与金雕在外形特征、栖息环境和生活习性方面都十分相近。但是事实上，白肩雕的分布范围多局限于欧洲大陆的东部。那里白肩雕的数量丰富，在匈牙利、达尔马提亚和土耳其的数量尤其丰富。成年白肩雕的肩胛部位有大块白色标志，因此可以很容易地与金雕区分开。它们常在山区的广大森林中出没，很少会出现在平原地区。

特明克先生说，白肩雕总是在山林或高岩上栖息，雌性白肩雕每窝会产2～3枚卵，卵壳为灰白色。1～2岁大的幼鸟羽毛与成鸟白肩雕不同，上部分的羽毛是红棕色的，有淡红色的大斑点，而肩胛部分也只有末端是白色的，不像成年鸟类那样整个肩胛部位都是白色的。尾羽是灰色的，尖端有棕色斑点，底色为红褐色。后颈和整个腹部都是淡黄色的，胸部和腹部的羽毛边缘是鲜红色的；鸟喙为暗灰色，虹膜为棕色；跗骨为橄榄绿色。

成年白肩雕头部和后颈的羽毛形状如矛尖，颜色是红褐色的，边缘颜色更加鲜艳；整个下身为深黑褐色，只有腹部颜色接近橙色；背部为光亮的棕黑色；肩胛部位为纯白色；尾羽为深灰色，上面有不规则的黑色斑带，每一根羽毛末端都有一条大的黑色条块，末端底色为黄白色；虹膜为淡黄色；蜡膜与跗骨为黄色。

彩图中展示的是一只成年白肩雕和一只小白肩雕。

金雕

英文名 | *Golden Eagle*　拉丁文名 | *Aquila chrysaetos*

金雕

猛禽 / 鹰形目 / 鹰科 / 雕属

不列颠群岛的永久居民中有两种大型的鹰。我们现在描述的这种高贵的物种习性十分凶猛残暴，尽管它们的身形十分小巧。它们的大部分食物是通过自己的努力捕猎到的，其捕猎的猎物包括小鹿、羊羔、野兔、家兔以及其他大的鸟类。相反，海鹰主要以鱼类、大型海鸟为食，少数时候也以动物尸体为食。它们主要栖息在海岸边的山间和崎岖的岩石丛中，而金雕则更喜欢在这个国家的内陆地区栖息，尤其是在大片的森林和隐秘的地带。

金雕从前在不列颠群岛上，无论如何都算是一种十分常见的鸟类；但是随着人口的增长和土地的开荒耕种，它们被驱赶到了这个王国最偏远和人迹罕至的地方。如今这一物种已经为数不多，而且只有在北方的高地，爱尔兰人迹罕至的荒野，以及偶尔在威尔士才能看到它们。尽管不久前，维斯特莫兰德和坎伯兰郡浪漫的湖泊和山岭、德比郡多岩石的地区以及康沃尔的寸草不生之地都曾经是它们的栖身之所，现在在这些地方却鲜少能发现这种身形和习性的鸟类了。曾经它们的出现不仅能引起附近地区居民的注意，甚至是敌意。在欧洲大陆上，尤其是在北部和山岭国家，比如挪威、瑞典和俄国的一些地区，金雕的数量更为丰富；在德国和法国，人们也可以看见金雕的身影，但是那里的数量并没有那么多；在意大利和更南边的地区就更加不常见它们了。

在某个人类难以到达的山岩裂缝间，或者如特明克先生所陈述的那样，在森林中最高大的树木的树梢上，金雕筑起巢穴，产下并孵化幼鹰，然后用仍然在颤动的猎物的肉来喂养它们。这些猎物的遗骸散落遍地。雌性金雕每窝产2枚卵，有时也有3枚。卵壳是灰白色的，还有暗红色的着色。

这种高贵的鸟儿从幼年到成年会换上一身截然不同的羽毛，这一现象使得老一辈鸟类学者误将它们划分为两种不同的鸟类。这一错误最近才得到了纠正；在这一凶猛的部落中出现的这些变化背后有着怎样的自然法则和规律，还有待我们去做更多的探究。

过去所说的环尾雕其实不过是幼年的金雕。而它们丰满的羽翼是慢慢形成的,这一稳定特征的形成需要2～3年的时间。羽翼长全之后,它们头部及枕骨部的羽毛是柳叶刀的形状,颜色是富丽的镀铜色。全身其他的羽毛是接近巧克力颜色的暗棕色;大腿内侧的羽毛以及跗骨羽毛颜色要浅一些;尾巴是棕灰色,有棕黑色的横向条带,羽尖也是同样的颜色;鸟喙是金黄色的;虹膜是棕色的;跗骨为黄色。身长有90厘米,雌性比雄性长10～15厘米。

前两年的幼鸟全身的羽毛都是红棕色的,翅下覆羽、大腿内侧羽毛以及跗骨羽毛都接近白色;尾羽上有三处白色着色,因此才被称为环尾雕,羽尖为棕色。随着幼年金雕逐渐生长,羽毛的颜色会变得越来越浓,越来越深,尾巴的白色会逐渐敛起,形成条带。第三年,完美的羽毛才会长齐。

图片中分别是幼年和成年的金雕。

白尾海雕

英文名 Sea Eagle　拉丁文名 Haliaeetus albicilla

白尾海雕

猛禽／鹰形目／鹰科／海雕属

以前的鸟类学者们把它命名过灰海雕和白尾海雕，而科学界后来发现并纠正了这个错误。这其实还要感谢塞尔比先生。是他发现了这两种所谓的不同物种其实完全是不同年龄的同一种生物，只是它们羽毛发育的情况不同罢了。这一事实是从实验中得来，从幼年到成年喂养长大的过程中对白尾海雕的观察提供了直接的证据。

白尾海雕是欧洲最寻常的雕类，或许也是分布最为广泛的。在大不列颠群岛上，它们常常在英格兰、威尔士、爱尔兰、苏格兰以及附近岛屿的岩石海岸边出现。对鱼类的特别喜爱，驱使着这些高贵的鸟类徘徊在海岸、河流以及大型的湖泊边。水禽、小型哺乳动物比如野兔、羔羊、小鹿等，甚至在饿极了的时候，连腐肉都会成为它们的点心；但是和其他的猛禽——尤其是雕类一样，即使较长一段时间难以获得食物，它们还是能够存活下来。尽管白尾海雕并没有金雕那样机警和活泼，但是它们同样很勇猛坚定，飞行能力十分卓越，会在高空翱翔；当发现猎物或侵犯者靠近它的巢穴的时候，又会陡然从高空中飞下来，凶猛地扑上去。它们最喜欢的筑巢之地是裸露的陡峭山岩，在缺少这样的地区之时，它们也会在内海和湖泊边缘的森林中最高大的树冠上筑巢。卵是白色的，通常有2枚。

白尾海雕需要3～4年的时间才会长全羽毛。成熟阶段白尾海雕白色的尾羽特别显著，鸟喙是稻草秆的亮黄色。

同龄的雌性和雄性白尾海雕的羽毛没有明显的差异。

成年白尾海雕的鸟喙和蜡膜是明亮的秸秆黄色；虹膜是棕红色；整个头部和颈部都是暗淡的棕灰色，长羽毛长且尖锐；其他的羽毛是深灰棕色，上体表更为稠密；尾羽为纯白色；跗骨和爪趾为黄色。

幼鸟的鸟喙和尾羽是棕黑色的，全身总体羽毛为深褐色，头部和颈部的羽毛要比其他部分颜色浅一些。

彩图中是一只成年白尾海雕和一只一岁大的幼鸟。

白头海雕

英文名 | White-headed bald Eagle　拉丁文名 | Haliaeetus leucocephalus

白头海雕

猛禽／鹰形目／鹰科／海雕属

金雕、白尾海雕以及我们将要描写的这种雕类之间存在的一些困惑，最近才通过鸟类学者们的仔细观察慢慢解开。这些让人困惑之处都在于幼年鸟类与成鸟鸟类羽毛特征的鲜明差异。因此，白头海雕才被普遍地与白尾海雕混为一谈。事实上，我们必须承认，这两种雕类在幼年时期的确非常相似。但是我们相信，即使在这个阶段，明显的不同之处也是有的，尽管仅仅从表面看去并不是那么明显。比如说，白头海雕的尾羽要长一些，而全身的羽毛着褐色的部分也没有那么规则。

贾丁先生看过了威尔逊先生对这一物种的描述之后，在自己的笔记中写下了自己的看法。他在多年喂养白头海雕和白尾海雕的经历中，观察到了不同的生活习性：白头海雕更加活泼好动，总也不歇着，会不断地发出"尖锐的鸣叫声"，而且白头海雕也会更加凶猛和难以驯服。

这一物种的成年个体不会被人们误认，但是白头和白尾通常都会在成长了3年以上才展示出纯白色。第一次换羽毛会使其呈现出灰色、白色和暗褐色的混合色；第二次白色才会渐渐显现出来；第三次才会完成第一年暗灰褐色羽毛的过度。

贾丁先生观察到，在被圈养时，需要3~5年的时间来产生这一完全的变化。

这种美丽的鹰是两个大陆(新、旧大陆)温和地区和北方地区的常驻居民，但是在美国它们更为常见。美国也已经将白头海雕选为国鸟。威尔逊先生说："大自然的造物，为勇敢地对抗最严峻的寒冷而生；对海洋中的和陆地上的生物来之不拒；拥有强劲的飞行能力，甚至可以凌驾于暴风雨之上；最受到人类的敬畏；从浩渺无垠的苍穹俯视遥远的、渺小的森林、田野、湖泊和海洋；它对小片地区的季节变化表示漠然，因为在短短几分钟里它就能从夏天飞到冬天，从低谷飞往天外那永恒的冰冷王国，接着又恣意地飞落到地球上炎热的或者极寒的地带。"

尽管对于捕猎来说，所有的动物它都一视同仁，即使是小的哺乳动物，甚至迫于饥饿也不会拒绝恶臭的腐肉，但白头海雕在可以做选择的时候还是坚定地钟情于鱼类。这样说，不是因为白头海雕是多么辛勤的渔民，而是因为它总是默默地注视着鱼鹰辛苦地捕鱼，然后强迫后者放弃劳动成果，据为己有。威尔逊对这场角逐栩栩如生地描绘常常被引用，奥杜邦对这种鸟儿凶猛地攻击野天鹅的描绘也充满着震撼力。白头海雕喜欢的居所是湖泊边、大型河流的岩石岸边。当然它们最喜欢的还是陡峭的海岸。

它们最常在参天大树的树冠上筑巢，不过经常也会选择沼泽湿地的中心。它们的巢穴通常是一堆干柴、草皮、青草等。白头海雕几乎每年都会选择相同的筑巢地，一年一年地飞回来修缮去年的巢穴。通常只是在旧巢穴上覆盖一层新的筑巢材料。一年一年反复如此，直到巢穴最终变得太高，以至于在远处就会被注意到。幼年白头海雕的食物主要是鱼类，这些捕来的鱼类常常会被散乱地丢在巢穴所在的大树周围，腐烂引发的腥臭气味会飘散到很远的地方。幼年白头海雕最初身上覆盖的是一层奶油色的绒毛，一岁龄的时候这一身绒毛就会被一身灰棕色的羽毛取代。

成年白头海雕的模样如下：头、颈上部以及尾羽都是纯白色的；身体上覆盖着巧克力棕色的浓密羽毛；鸟喙、蜡膜和跗骨都是黄白色；虹膜几乎是白色的。

我们的彩图中是一只成年白头海雕和一只幼年白头海雕。

鹗

英文名 | Osprey   拉丁文名 | Pandion haliaetus

鹗

猛禽／隼形目／鹗科／鹗属

　　隼形目家族中，栖息地分布范围最广泛的莫过于鹗了；也没有哪一种鸟类的生活习性能比这种高贵鸟儿的生活习性更加引人注目了。这一家族的一些成员以四足动物为食，另一些以有羽家族为食，而鹗主要从水中获得它们的食物，水中有鳍的住户们成了它们的食物；因此人们能观察到鹗栖息的国家气候至少应该是温和的，因为出于胃口偏好的限制，若是河流水域结冰，它们就不得不去寻找条件适宜的地区落脚。情形一定是这样的，因此鹗会在世界各个地区迁徙，在春季和夏季的时候访问北方的地区。在欧洲，这种鸟类分布比较狭窄，但是为了弥补这一点，几乎在所有大河、湖泊以及海湾，凡是有丰富食物的地方，一定有数量颇丰的鹗。比起不列颠群岛，它们倒是更喜欢到访欧洲大陆的一些地区。每当有一只这样的鸟儿在不列颠群岛上露面，它非凡的模样和举止立即会引来很多攻击者的侵犯，它要么很快就会被消灭，要么会匆匆赶往下一个避难所。事实上鹗也的确算得上是一位不速之客，它们所到之地河流湖泊中的鱼类必然要遭受大劫，而且一旦它们发现这里有丰富的午餐，就绝不会轻易地离开。

　　在美洲的一些地区，鹗也十分常见，尤其是在美国。在春暖花开的时节，它们就会在美国的土地上和天空中露面了。不过，在这里它们是一群受欢迎的贵客，因为伴随它们到来的，还有解冻的河流和大群的鱼类。在大河边，未被它们的公开敌人——秃雕——侵占和搅乱的保留地上，鹗在高树上筑起巢穴。它们做巢的主要材料是木棍和草皮，建成的巢穴可以说是个庞然大物。在鹗巢穴的周围还有众多的小型鸟类安然地筑巢抚育幼鸟。事实上，鹗是一种安静的鸟类，也没有凶残或冒失的品性。它捕捉猎物的方式十分卓绝：伸展翅膀在水面上做低空盘旋，目光完全专注于水面上以及水下的动静。一旦有鱼儿出现，它就会如利剑出鞘一样，直扑上去。有时它甚至会完全没入水中，片刻之后，又会从水中毫无征兆地飞起来，握紧的铁爪中牢牢地抓着它的战利品。抖净光亮的羽毛上的水花，它就会升入空中，匆匆飞回巢穴与幼鸟一起大快朵颐，或者独自慢慢享用。不过，它的战利品常常会被躲在一旁的敌人掠夺。我们说的敌人是指秃雕或者白头海雕。当鹗捕获了新鲜的食物以后，白头海雕常常尾随其后进行抢夺。面对更加强大的敌人，鹗常常不得不放弃这到了嘴边的午餐。关于这两种鸟类争夺食物的战争，威尔逊先生在《美国鸟类》一书中有一段生动的描写。我们的读者或许已经很熟悉。如果没有，我们推荐他们不妨去读一读。卵通常有3枚，灰白色，有深红色或黄褐色的斑块。

成年阶段鹗的羽毛，表面整体是富丽光亮的棕色；头上部及两侧混杂着白色和棕色，有棕色的线条从眼睛后面直通到肩膀部位；喉、胸以及下部为白色，有轻微的棕红色线条；尾羽有条纹；蜡膜以及鼻孔为淡褐色；跗骨为铅青色；虹膜为黄橙色。

幼年鹗的特征是上表面边缘为白色，胸部几乎完全为淡褐色。

我们彩图中描绘的是一只成年鹗和一只小鹗。

普通鵟

英文名 | Common buzzard　拉丁文名 | Buteo buteo

普通鵟

猛禽／鹰形目／鹰科／鵟属

隼科鸟类具有强大的飞行能力和空中生活的习性，因此它们处于整个猛禽家族的最顶端，而鹰科的鸟类活泼胆大、翅膀较短，我们将要描写的这种鸟类与以上两种都不相同。鵟亚科的鸟类虽然也具备相当强的本领，但却迟钝、胆小又懒惰；不过它们依然令人钦佩地应用了自然赋予它们的本领，并且找到了自己在自然中最好的岗位。它们伸展开轻盈的翅膀在半空中翱翔，搜寻着地面上的小哺乳动物和爬行动物。这些是它们的食物。一旦锁定目标，它们就会悄无声息地迅速飞下来猛扑上去；在它们饥饿的时候，也不会对吃一些腐肉产生抗拒，偶然被扔在它面前的内脏也是一顿不错的饱餐。普通鵟的习性就是如此，所有大不列颠群岛上树木茂盛的地区都会是它们的栖息地，不过在南方地区它们更常见。如今在法国、荷兰以及欧洲其他气候温和的地区，它们依然是数量丰富的常住居民。

普通鵟的巢穴往往在树林中最茂密的地带筑起，材料一般就是木棍。它们有时也会用乌鸦、喜鹊等废弃的巢穴。每窝产 2～3 枚卵，卵壳为灰白色，略微有一些红棕色的斑点。

从我们自己的经验来看，我们可以说，一岁大的幼鸟羽毛要比第二年的幼鸟颜色浅得多，尤其在下体表。而且这一时期的幼鸟也比较容易识别，因为它们的羽毛上部分是深棕色的，有紫色的光泽，而每个大羽边缘都有一条淡黄白色的线条。第二年它们的颜色还会慢慢加深，背和胸脯的颜色几乎变成了同一种颜色，掺杂着一些不规则的黄白色横向条块；尾羽颜色更深，越向基部越是如此，一般为白色或者发白。在接近后期时，羽毛的颜色更加统一，成为淡棕灰色。枕骨嵴略微显现，因为其中的两三只羽毛比其他羽毛更长一些；蜡膜和腿部为柠檬黄；虹膜为淡褐色。

彩图中展现的是一只成年普通鵟。

毛脚鵟

英文名 Rough-legged buzzard / hawk　拉丁文名 Buteo lagopus

毛脚鵟

猛禽／鹰形目／鹰科／鵟属

毛脚鵟比上一个物种(普通鵟)的分布范围更加广泛。普通鵟仅仅分布于旧大陆，而毛脚鵟几乎分布于整个北极圈。

毛脚鵟在不列颠群岛中的任何一个岛屿上都不算是常住居民，但是它们会定期到访这些岛屿。在一些季节它们的数量较为丰富，而在另外一些季节则比较罕见。在它们到访期间，养兔场会受到大肆地掠夺，因此在这样的地区见到毛脚鵟一定不足为奇；它们同样还会捕食田鼠、仓鼠、鼹鼠、蜥蜴、青蛙。甚至根据塞尔比先生所说，野鸭子和其他鸟类也是他们的捕猎对象。

"1815年冬天，"这位先生说，"一些这样的鸟儿到访了诺森伯兰郡，我因此得到了一些机会来观察这些鸟儿。这包括活着的还有已经死亡的。得到详细观察的鸟儿无论颜色还是特征都十分相似，不过有一些个体腹部颜色比其他的鸟儿样本要深一些。而且尾羽的上半部分白色并没有覆盖整个宽度。有两只这样的鸟儿常常光顾一个附近的沼泽，因此我得以常常注意到它们。它们的飞行流畅，但是较慢，不像普通鵟，它们很少做长时间的连续飞行。它们捕捉野鸭子和其他的鸟儿。发现这些猎物的时候，它们就会猛扑上去；不过看起来它们的食物主要还是田鼠和青蛙。因为在一些被杀掉的毛脚鵟胃中人们发现了田鼠和青蛙的残骸。"

毛脚鵟的跗骨羽毛可以立即将它与它的近亲普通鵟区分开来。除此之外，毛脚鵟与普通鵟的轮廓，很多的习性以及整体构造都十分相似。

根据特明克先生所说，毛脚鵟的巢穴建筑在高大的树木上；卵通常有4枚，为白色，上面有红棕色斑点。

和常见的物种一样，这种鸟类从幼年到成年会经历一系列的变化。雌性和雄性鸟儿羽毛是相似的。

彩图中为一只成年雄性毛脚鵟。

苍鹰

英文名 | *(Northern) Goshawk*   拉丁文名 | *Accipiter gentilis*

苍鹰

猛禽／鹰形目／鹰科／鹰属

苍鹰可以说是同属中最有贵族气质和最典型的鸟类。鹰属鸟类似乎在新旧大陆上分布都十分广泛：尤其是在印度。我们知道那里有几种有趣的鹰属鸟类；同样在美国，本属的鸟类也不缺乏。在这个国家北部广为人知的美洲苍鹰是苍鹰的近亲，也曾经在很长一段时间里被错当成同一种生物。

欧洲中部的山林地区分布着数量极为丰富的苍鹰，尽管如今在我们自己的岛屿上它们已经很少出现。特明克先生告知我们苍鹰在荷兰也同样很稀少。

这种优雅高贵的鸟类在总体生活习性方面与我们熟知的雀鹰十分相似，性情也十分活跃大胆，毫不逊色于最高贵的隼类。不过它们捕猎的方式对我们来说倒是十分奇异。它们总是不屈不挠地勉力追逐猎物。它们不像隼类那样俯冲，直奔猎物扑去，而是跟在猎物后面滑翔着不停地追逐，速度极快。苍鹰过去常常被训练来追逐捕猎野兔和松鸡。

雄性和雌性苍鹰的身形大小与雀鹰的情况同样为不一致。而前者身上的横向斑纹更加精致和清晰。相同年龄阶段的雄性苍鹰和雌性苍鹰的羽毛是十分相似的。1～2岁大的幼鸟胸脯羽毛底色为白色，带有红褐色的色彩和较大的椭圆形棕色斑块，而不是横向条纹。

成年苍鹰的整个上体是暗淡的蓝灰色，下体为白色，有一些横向的之字形黑色条纹，同样颜色的曲折线条贯穿每一根羽毛的羽轴。尾羽上部为灰色，有4～6条棕黑色的条带；虹膜和爪趾是漂亮的黄色。

彩图中是一只成年的羽翼丰满的雌性苍鹰和一只未成年的小苍鹰。

游隼

英文名：Peregrine Falcon　拉丁文名：Falco peregrinus

游隼

猛禽／隼形目／隼科／隼属

与冰岛猎隼和地中海隼同样典型的还有游隼。尽管游隼的体型较小，但是它们也十分勇敢、凶猛。在旧大陆的北部和中部，它们的数量十分丰富，因此也一直被当作一种猎鹰来使用。在北美和该大陆的最南端，以及在新荷兰和太平洋的其他岛屿上的游隼，是否与我们欧洲的这种鸟类完全一致，这个问题博物学家们还没有统一的说法。

在英格兰，这种帅气的猛禽一年到头都不会离开；它们喜欢靠近海岸的裸露岩石崖壁。游隼在人类最难以到达的地方建起巢穴，通常会一窝产下4枚卵。卵为一致的深红色。雏鸟需要4~5年的时间才能发育成熟，这期间它们会经历一系列的变化。这些变化非常显著，以至于人们误将不同阶段的游隼当作不同的物种，因此产生了一系列的名字和迷惑；不过现代自然学家对这种鸟类进行了坚持不懈的观察，澄清了其中的迷惑，并且纠正了过去的作者们在这方面留下的错误。然而有一次事件再次将这一现代调查补充完整，这显示了哪怕观察再细致，要避免错误还是一件多么困难的事情。我们指的事件是，一些作者认为地中海隼这种与游隼完全不同的鸟类其实是后者的幼鸟：这一说法现在已经被证实是错误的，而且我们相信本书中这两种鸟类的彩图足已证明它们是两种不同物种这一事实。我们几乎不需要再陈述这种鸟类飞行速度要比前者卓越得多，更不用说它们对各种猎物，如水禽——尤其是野鸭和水鸭等致命的伤害力。

雌性游隼和雄性游隼个体大小差别相当明显，雄性游隼要小得多，而且总体上它的背部也更蓝一些。

幼鸟整个上体表为棕色，每根长羽边缘颜色较浅；胸脯和下体表为浅黄褐色，有棕黑色椭圆形纵向斑块；尾羽为棕色，有深色的条带；蜡膜与腿部为黄绿色；虹膜与成年游隼的虹膜颜色相同，为深褐色接近黑色。

彩图中展示的是一只成年游隼和一只幼年游隼。

红隼

英文名 | Kestrel   拉丁文名 | Falco tinnunculus

29

红隼

猛禽 / 隼形目 / 隼科 / 隼属

这种本地的隼属鸟类可以说是最为常见的一种。在整个欧洲大陆上它们的分布十分普遍，而且在亚洲和非洲的一些地区，海岸边或者内陆上，它们的分布都十分普遍；整个非洲北部都成了红隼的自然栖息地。

尽管我们认为红隼在美洲尚未被发现，但是在那片浩瀚的大陆上人们已经发现了几种鸟类，无论身形还是颜色，都与旧大陆红隼十分相近。而且它们可以形成隼家族中最自然的一个种群。

人们每天都可以在田野和荒原上空看见红隼优雅地飞来飞去寻找着自然界当中的食物。它们的食物包括田鼠、青蛙、小鸟以及昆虫。在寻找食物的时候，它们的注意力常常会突然间被地面上的一个目标吸引住，这时它们就会在空中做出最恰当的姿势，努力扇动又长又尖锐的翅膀，猛烈地向它们的食物扑上去。当它们再次升起到空中的时候，人们常常能看见猎物被牢牢地抓握在了它们有力的尖爪中，接着它们会飞去某个暂时的歇脚地享用美食，而在繁殖季节，它们则会直奔自己的巢穴将食物带给雏鸟。

三岁大的雄性红隼若是羽翼丰满，必然是十分精美又朴素的颜色。另外，它们的轮廓是完美的对称，毫无疑问可以称得上是同属中最美丽的鸟类了。雌性红隼在第一次换羽时不会发生变化；两岁以前的雌雄红隼从外观上看是分辨不出来的；这就是为什么有这样大比例的鸟类身着这样的羽毛，但是到了第二年却相对只有很少留下来了。

红隼的性情相对要温和一些，也没有那么勇敢。尽管很容易被驯化，但是却显然不能被用在捕猎活动当中。不过有一些作者也描述过它以前曾被训练来捕捉鹌和鹧鸪。它们常常会利用乌鸦或喜鹊废弃的巢穴来繁殖，不过它们也经常会将卵产在裸露的岩石壁架上。红隼的卵常常每窝有 4~6 枚，为棕红色，有深色的斑点，强度差异非常大。雏鸟和苍鹰的雏鸟一样，从第一个月就全身覆盖着白色的绒毛。

成年雄性红隼的鸟喙、尾羽(羽尖部位有一块黑色,末端是白色)、尾部以及头部的前端为漂亮的蓝灰色;背部以及翅下覆羽是浅红褐色的,每一个羽尖上都有一个箭形的黑色斑块;主翼羽为深褐色,边缘颜色较浅;胸脯、腹部、大腿部位是浅奶油色,着褐色;胸脯上散缀着线型的褐色斑点,但是在身体下部这些斑点呈圆润一些的形状。

雌性红隼的整个上体和尾羽都要比雄性红隼的褐色更深一些,每根羽毛上都有一些深褐色的斑块,尾羽上也有一些相似的棕色斑块,但是末端是黑色的条带,羽尖为白色,与雄鸟一致;主翼羽也是棕色的,末端颜色较浅;其他部分都与雄性红隼相似。

彩图中展示的是一只雄性红隼和一只雌性红隼。

燕尾鸢

英文名 | *Swallow-tailed Kite*　拉丁文名 | *Elanoides forficatus*

燕尾鸢

猛禽／鹰形目／鹰科／鸢属

英国有燕尾鸢这种优雅的鸟儿，而且有两个样本曾被拿来做示例。第一只是在阿盖尔郡，第二只是在约克郡。我们认为这种鸟儿有权被列入《欧洲鸟类图谱》中，因此就在这儿给它们留下了应有的位置。

关于这种优雅帅气鸟类的一些正确知识，比如生活习性和特征还要感谢美国的鸟类学家对这种鸟类的观察和研究。在一些特定的季节里，燕尾鸢在美国的不同地区数量都十分丰富。在威尔逊和奥杜邦先生创作的燕尾鸢物种史中，我们可以发现很多有趣的细节。既然我们知道在热爱自然和鸟类学的人们手中总有这样或那样的一本书籍，我们在这里就引用不那么为人所知的《美国及加拿大鸟类史》这本书当中的一些内容。这本著作是由纳托尔先生创作的，他在书中这样写道：

"这种美丽的鸢鸟在美国比较温暖的地区度过夏天，并且繁殖。它们或许也在整个热带和美洲温带地区栖息，并且会向南北半球迁徙。向南半球迁徙的燕尾鸢可以远至秘鲁，甚至到布宜诺斯艾利斯；尽管在北纬40°的大西洋地区各州很难见到这一物种，然而受到密西西比河谷中丰富的食物吸引，还是有很多的燕尾鸢个体来到河流边栖息，甚至在北纬44°的圣安东尼瀑布都可以见到它们的踪影。

"它们在4月底、5月初来到美国。在密西西比地区数量十分丰富。二三十只燕尾鸢常常会同时出现在人们的视野中。它们会从草地中收集起蝗虫和其他的昆虫，握在脚爪中，据说会在飞行的时候享用。有时候它们也会像蜂鹰一样寻找到蝗虫和黄蜂的巢穴，当场吞吃掉昆虫和它们的幼虫。在整个美国，蛇和蜥蜴都是它们的常见食物。在10月份，它们会飞去南方过冬。据巴特拉姆先生的观察，燕尾鸢会成群结队地集聚在佛罗里达州，连续几天在高空中平稳地翱翔，缓缓地经过这里，向它们的过冬地墨西哥湾飞去。"

燕尾鸢这种鸟儿飞行姿态十分平稳，又极其地优雅；白天它们几乎一整天都在伸展着美丽的翅膀翱翔，而夜间则会在高树上休息。它们通常会在高大的橡树或松树的高枝上筑巢。巢穴往往是用树枝搭起来的，其中混杂着苔藓和青草，甚至还衬着一些羽毛。燕尾鸢通常一窝产4～6枚卵，卵壳是青白色，大的一端周围有一些不规则的棕黑色斑块。雏鸟起初身上披着白色的绒毛。

成年燕尾鸢的鸟喙为蓝黑色，蜡膜为淡蓝色，虹膜为黑色；整个头部、颈部、胸部、翅膀下部的羽毛，身体两侧、大腿以及翅下覆羽为纯白色；背部、翅膀、主翼羽、副翼羽、上尾部覆羽以及尾羽为黑色，有紫金属色的光泽，外羽片的三级飞羽为黑色，内侧有纯白色的斑块；尾羽呈尖尖的燕尾形；腿和爪趾为蓝绿色；脚爪为灰暗的黄棕色。

白头鹞

英文名 | Marsh Harrier　拉丁文名 | Circus aeruginosus

白头鹞

猛禽／鹰形目／鹰科／鹞属

这种鸟儿的身形是如此引人注目，因此无论它们在哪里出现，都会成为被关注的焦点。但出现在我们的岛屿上规模巨大的白头鹞，极有可能并不是在本土繁衍生息的，而是从临近的欧洲大陆上飞来的。我们从大多数被捕获的幼鸟或羽毛尚未成熟的白头鹞的状况上确认了这一观点：我们还知道幼年白头鹞习性上比成年白头鹞更常习惯远距离的飞行，这就让它们飞离了自己的出生地。当它们还在我们的岛屿上时，十有八九还未曾长出一身成熟的羽毛，因此我们获得的被捕杀的白头鹞样本中还没有一个是彩图中鸟儿的样子：显然白头鹞需要很多年才能获得一身这样的羽毛，而我们也十分确定白头鹞繁殖期时是身披一身深巧克力颜色的羽毛的，而这身羽毛与刚出生几年的幼鸟的羽毛不同。我们可以看到当白头鹞的羽毛完全成熟的时候，翅膀和尾羽已经变成了漂亮的灰色，而这正是大部分鹞属鸟类的共同特征。此时白头鹞身体其他部位的羽毛不仅颜色与尾巴和翅膀不一样，而且羽毛的形状也不同。这些部位的羽毛是矛尖形的，而不是圆形的。我们倾向于认为只有雄性白头鹞才拥有美丽的灰色羽毛，如上文所说，但是这一点还未成为公认的真理。甚至这种鸟儿幼年时期羽毛的变化就比较多，有一些是一身整齐划一的巧克力棕色，而另外一些白头鹞头部、脸颊和肩部是亮丽的浅黄色。

白头鹞的栖息地看起来十分广泛，在欧洲较低的沼泽湿地、非洲和亚洲大部分地区都能发现它们的踪影；事实证实白头鹞也出现在了喜马拉雅地区。和大部分鹞属鸟类一样，白头鹞飞行姿态优美轻快，但是一般在低空飞行：它们在沼泽和湿地的上空盘旋飞行，寻找着如青蛙、蜥蜴、田鼠、昆虫甚至鱼类等猎物。

白头鹞一般将巢穴搭建在低矮的灌木丛或者芦苇丛中，通常会靠近水源：它们的卵通常一窝有4枚，为白色，圆形。

彩图中展示的是一只成年白头鹞和一只幼年白头鹞。

白尾鹞

拉丁文名 | *Circus cyaneus*　英文名 | *Hen Harrier*

白尾鹞

猛禽／鹰形目／鹰科／鹞属

　　仅仅是在几年前，这种羽毛十分精致的猛禽在我们的岛屿上还是十分常见，可是现在我们已经很难在野外观察到野生的白尾鹞了。和它同一家族的鸟类一样，白尾鹞身上也环绕着人们很多的误解。每年有那么几个星期的时间，白尾鹞会捕食一些小野兔和其他的小猎物，因此它们受到了猎场看守人和爱好打猎的人的大肆捕杀。可是他们忘记了一年内白尾鹞可以消灭掉成百上千的蛇、蜥蜴和老鼠；事实上，众多我们本地的猛禽鸟类在最近一些年里数量大规模减少，我们甚至还怀疑在不久的将来会不会有很多物种将会永远消失。

　　这种精致的白尾鹞栖息地分布十分广泛。在整个欧洲，只要有利于它们居住，我们就能发现它们或浩浩荡荡或稀稀落落地生活在那里。它们也栖息在非洲和印度的大部分地区相似的环境中。另一种与白尾鹞十分相似的鸟类则在北美洲大陆上繁衍生息着。

　　白尾鹞在捕猎时候的飞行模式十分奇异，可以说在整个猛禽家族的鸟类中独树一帜。它们在距离地面很近的低空中轻快地滑翔。飞行活动十分有规律性，总是在很多日子里飞越一部分领地，并且总是在一定的时间里回到原来的地方。接着它们就会无声无息地在低空中飞行，瞅准时机准确无误地扑向猎物。这种情形不禁让我们想起了一些猫头鹰的作为。如前所述，白尾鹞的猎物主要包括老鼠、小野兔、蜥蜴、蛇、青蛙以及一些幼鸟，不过它们从来不敢与较大体型的鸟类，甚至中等体型的四足动物们斗争。

　　在本国，白尾鹞的栖息地特点十分明显，主要是大片灌木丛生的沼泽地、广阔的荒地、长满荆豆的公共草地，以及低矮的洼地、平原、湖泊地带以及湿地沼泽中。在这些人迹罕至的荒野中，白尾鹞孵化并且抚育后代。它们将巢穴建在平地上，一般在大簇当地最普遍的植物中间；白尾鹞的卵与鸦鸟的卵相似，但是相比起来白尾鹞的卵更大。表面为灰白色，没有斑点。

雌性和雄性白尾鹞外形的差异十分明显，以至于在不久以前人们甚至还怀疑它们不属于同一个物种。这样的怀疑如今已经被证实是错误的，这一发现还要归功于我们杰出的鸟类学家蒙塔古上校。人们如今已经十分清楚地明白了这一差异，因此无须赘述；不过我们还观察到在鹞属的大部分鸟类中这一特征都十分明显。鹞属鸟类几乎在整个地球上都有分布。出生头两年的雌性和雄性白尾鹞的羽毛几乎完全一致，而且和成年的雌性白尾鹞没有明显的区别。

第二年过后，雄性白尾鹞的羽毛才展现出银灰色的精致光彩，而到成熟期后雄性白尾鹞的整个上体表面都会泛出这样精致的光泽。

下面是白尾鹞详细的外形描述：

成年雄性白尾鹞头部、颈部、脸颊和整个上体表面为白色，而尾部以及两侧外翅羽上精美的横向灰棕色条带，为泛蓝的银灰色；羽茎为黑色；下体表面为白色，有一些浅色的棕色斑块分布在大部分羽毛的中央；腿部、蜡膜上部以及虹膜为棕色。

雌性白尾鹞的整个上体表面为巧克力棕色，头部的羽毛以及后颈边缘为略红的沙黄色；耳朵覆羽为深棕色；脸部边缘的羽毛短且僵直，为沙黄色，有深棕色的羽干；整个下体表面为红黄色，有纵向的棕色条纹；尾羽上有深浅间隔的焦茶色条纹；腿部以及蜡膜上部为黄色；虹膜为淡褐色。

彩图中呈现的是雄性和雌性白尾鹞。

仓鸮

英文名 | *Barn Owl*　拉丁文名 | *Tyto alba*

仓鸮

猛禽／鸮形目／草鸮科／草鸮属

仓鸮在世界各地分布广泛，在我们的岛屿上也是闻名遐迩。且不计不同区域的仓鸮外形的略微变化或羽毛的区别，我们还是不能十分满意地确定它们完全是同一物种；因此究竟不同地区的仓鸮，无论美国、南美洲和邻近岛屿还是非洲、印度和新荷兰(澳大利亚旧称)，是同一物种在不同气候、食物和其他条件作用下产生的变种，还是完全不同，属于不同的物种，这仍然是一个问题。

仓鸮所在的鸟类家族中除了上文中列出来的一些可能的变种，还包含了很多特点鲜明的物种。我们见到过几种来自新荷兰、一种来自印度、还有一种来自西印度群岛。这些鸟类可以很容易与它们所在的大家族区分开，这是因为它们有着细长的鸟喙、疏松柔软的羽毛以及身体上漂亮的羽毛色彩。

仓鸮在整个欧洲分布较为广泛，而且看上去在任何地方都是留鸟，至少在我们的岛上是这样。它们居住在谷仓中、废弃的建筑中、教堂的尖塔中和中空的大树里。整个白天都在藏匿形迹，夜晚才会出来活动，运用它们的力量，展示它们的破坏力。白天的日光会让它们晕眩，影响它们的视线，于是仓鸮白天总是在它们的居所中一动不动地闭目休息。如果在这时候观察它们，我们完全不用指望它们的表现和夜里一样。在夜间，它们的行动十分地敏捷、有力量；注意力全部关注在搜捕猎物之上，它们在草地上空扫过时会动用全部感官灵敏地寻找；一旦发现目标，它们就会精准果断地扑上去，就连最小、最机敏的小耗子在被抓住之前也丝毫不会感知到危险的临近。尽管老鼠是维持仓鸮生存的主要食物，我们却可以肯定它们有时候也会捕猎一些幼鸟、田鼠和小野兔；一些事实证明它们有时还会大肆捕猎湖泊和池塘中的有鳍居民。

这种有趣的鸟儿的羽毛存在相当大的变化。一些仓鸮的上下体表为浅黄褐色，有深灰色的斑点或条纹，而其他的仓鸮下体表面则为纯白色；还有一些仓鸮尽管下体表面也是白色的，但是有细微的灰色斑点。我们从详细的探究中得知，如彩图中这只仓鸮一样，在本国中被杀的仓鸮凡是有纯白色胸脯的无一例外都是雄性的成年仓鸮，雌性和幼年雄性仓鸮的胸脯羽毛则或多或少有一些斑点，面盘边缘有浅黄褐色的着色。

仓鸮在树洞、旧建筑以及相似的地点中孵化后代，一般一窝会产3～4枚卵。卵为圆形、白色。

幼年仓鸮在很长的一段时间里体表覆盖着厚密的白色绒毛。它们的巢穴里总是被发现包含着大量的小球或铸件，还包括它们食物中难以消化的部分。

彩图中展示的是一只成年雄性仓鸮。

雕鸮

英文名 | (Northern) Eagle Owl   拉丁文名 | Bubo bubo

雕鸮

猛禽 / 鸮形目 / 鸱鸮科 / 雕鸮属

与所有栖息在欧洲的这一非凡的物种相比,无论从个头还是雄伟的外形上说,雕鸮都是首屈一指的;而与栖息在世界上其他地区的同一种属的鸟类相比,欧洲的雕鸮也似乎毫不逊色。在雕鸮属的鸟类中,雕鸮十分具有代表性。雕鸮属的鸟类具备的一个共同特征就是在每只眼睛上方有一簇细长的羽毛。这簇羽毛通常被认为是耳朵,尽管它们似乎与真正的听觉器官没有什么关系。

雕鸮——甚至其他相似的几种鸟类都有亮黄色的虹膜,这使得它们具备了非常卓越的视力。无论是在暗淡的日光中还是在比较明亮的月光下,它们的视野都比较广。甚至即使是在强烈的太阳光下,它们也不会像在上文中提到的近亲仓鸮那样迷惑受困。仓鸮所在家族的鸟类眼睛能够极大地扩张,使它们更适应傍晚昏暗的日光和夜晚的黑暗。这种高贵的鸟类真正的栖息地要算欧洲最北方:特明克先生陈述说,雕鸮的分布地十分地广泛,甚至在好望角都能看见它们的踪影。我们见到了一些来自中国的雕鸮样本;而且莱瑟姆博士又补充说,在堪察加半岛和美洲的最北部也栖息着一些雕鸮。尽管我们承认雕鸮的分布十分广泛,但是它们的真正栖息地还是在挪威野蛮荒凉地区的大片森林中,以及瑞典和俄国的同纬度地区。在德国和瑞士它们的数量相对较少,而在法国和英国它们则更为罕见。不过,我们还是时常在不列颠群岛捕捉到一些雕鸮制成样本,因此我们可以把雕鸮算作一种本国的物种,毕竟雕鸮不在本国常住不是因为气候条件不合适,而只是因为没有那么相对隐蔽的栖息地。

雕鸮可以被看作是同属中最凶猛有力量的鸟类,它们从来不会胆怯于追捕最大个头的猎物。它们总是静静地栖在某个大树枝上,在昏暗的日光掩映中,搜寻到并盯住走背运的猎物。这可能是在蕨类植物中休息的一只小鹿,在草地上啃草的小野兔,也可能是在石楠中蜷缩着的一只松鸡。接着它们就会悄无声息而又敏捷地扑上去,将自己的铁爪伸向那可怜的猎物。其他更加小型和卑劣的动物比如鼹鼠、田鼠和蜥蜴也在雕鸮的食谱之中。

为了繁殖下一代，这种精致的鸟儿会选择岩石裂缝或者腐朽老树的树洞来做巢穴。它们一窝会产下3枚圆形的白色卵。

雌性雕鸮的体型比雄性雕鸮要大一些，而羽毛的颜色也要更加鲜亮。

雕鸮身体的上表面混杂着棕色和黄色，有曲折的纹线和条纹；身体下表面为黄色，胸脯上有纵向的黑色条纹，其他部分的羽毛上则有不规则的横向条纹；虹膜为亮黄色；鸟喙和脚爪为黑色。长度将近0.6米。

我们作品中的雕鸮插图还要感谢丹尼尔·芬奇阁下的奉献。

雪鸮

英文名 | *Snowy owl*　拉丁文名 | *Bubo Scandiacus*

雪鸮

猛禽／鸮形目／鸱鸮科／雪鸮属

在不列颠群岛上捕获的这一高贵物种的样本，确定无疑地证明了雪鸮这一物种在我们的动物群中占有一席之地；然而雪鸮出访的日期却是十分不确定的，通常这会发生在很长的一个时间段中。塞尔比先生告诉我们，他自己拥有两个非常精致的雪鸮样本，一只是雌性，一只是雄性。1832年1月下旬，这两只雪鸮在诺森伯兰郡的罗斯贝里附近被杀。那时正值寒冷的暴风雪季节，整个英格兰北部和苏格兰都感受到了大自然残暴的一面。

北极地区是雪鸮真正的栖息地和故乡。但是在最严峻的天气到来之时，雪鸮也会离开这里，因为此时作为它们主要捕猎对象的各种小动物要么已经迁徙到南方，要么躲进了冰冻的积雪之下。表面看上去，相比在旧大陆，雪鸮在美洲大陆上向南迁徙的距离更远。在欧洲大陆上，据人们的观察，它们很少会迁徙到荷兰和法国等地：有时它们会出现在德国北部，在俄国、瑞典和挪威它们出现得更频繁。而在丹麦的斐罗岛、设得兰群岛以及奥克明群岛上，雪鸮也会偶尔出现。与同一属的鸟类相比，雪鸮可以说是最强壮和勇猛的了：它们的食物包括高山野兔、兔子、田鼠、旅鼠和松鸡；据说甚至连谨慎狡猾的狐狸都会沦为它们的猎物。

不辞辛苦的威尔逊还告诉我们，雪鸮还是一个灵敏的渔夫。当雪鸮瞄准了一只有鳍的猎物之后，它们就会毫不犹豫地伸出利爪给其致命一击，这样有鳍的猎物会瞬间死去。理查森博士在《北美动物志》第二卷中陈述道，他曾经看见过雪鸮追逐美洲野兔，并且多次用脚爪猛击这只可怜的猎物。雪鸮在白天捕猎；而且除非它们能够这样做，否则在北极圈中度过夏天是不适宜的。当人们发现它们停在地面上时，它们通常是蹲坐着的。一旦起飞，经过很短的一段飞行，它们又会很快地落下来；不过雪鸮总是十分警惕，不会让人走到离它们太近的地方。在山林地区出没时，它们就没有那么谨慎了。据海恩先生说，雪鸮会用一整天的时间观察捕猎松鸡的猎人，这样做是为了能够分享猎人们的收获。"在这样的时候，雪鸮会栖在一棵高树上。当一只松鸡被射中时，在猎人靠近之前，它就会盘旋着飞下来带走松鸡。"

雪鸮似乎对巢穴的所在地有很多的选择，有时会选择陡峭的岩石崖壁上，据理查森博士说，有时也会在"地面上筑巢，并且一窝产下3~4枚白色的卵，其中一般只有2枚卵能够被孵化。冬天的时候，印第安人和白种居民会在这种雪鸮长胖了的时候，将它们捕捉来。因为他们认为这种鸟儿十分洁白的肉极其鲜美"。

雪鸮在孵化后的前三四年中，羽毛的变化比较多。在这一段时间中，它们的主要特征是羽毛多多少少有棕色的显著条纹。随着雪鸮逐渐长大，这样的标志会逐渐地变淡。在老年的雄性雪鸮身上这样的标志就完全消失了，这时它们的一身羽毛是纯白色的。与猛禽家族的其他鸟类相似，雌雄雪鸮的个头要比它的伴侣大得多，但是在其他的方面雄性雪鸮和雌性雪鸮几乎是完全一致的。

成年的雄性雪鸮羽毛是纯白色的；虹膜为亮黄色；鸟喙和爪子为黑色，前者几乎全部被从基部伸出的刚毛所覆盖，而后者又长又尖锐，也几乎完全被腿部和爪趾上的长羽毛所覆盖住。与同一家族的其他猫头鹰相比，雪鸮的头部从身材比例上说要小一些。

我们彩图中展示的是一只成年雪鸮和一只两岁大的幼鸟。

猛鸮

英文名 | Hawk Owl   拉丁文名 | Surnia ulula

猛鸮

猛禽 / 鸮形目 / 鸱鸮科 / 猛鸮属

杜梅瑞先生确立猛鸮所属鸟类的共同习性、特征和一般结构,而猛鸮在同属的欧洲鸟类中,尽管是排在最后的,但也是最具有代表性的一个物种。猛鸮在新旧大陆上的北部地区和北极地区分布的范围十分广泛,在德国、甚至法国也不能说不算常见。然而,还没有记录证明猛鸮到访过不列颠群岛。这一点非常奇异,因为猛鸮的一个近亲常常在英国的领土上被捕获。和这种精致的物种一样,猛鸮也具备至少在阴暗的天气中以及在日落之前的很长一段时间里看见猎物的本领。或许在强烈的日光中它们是看不见的,但是因为这样的情形,它们还是被误认为是白天捕食的鸟类。联系到它们的结构,猛鸮和同属的其他鸟类可以被认为是鹞类和真正的夜行鸮类之间的过渡物种。

猛鸮的食物包括田鼠、老鼠、鸟类和昆虫。

根据我们能得到的最好的信息了解,我们知道猛鸮在树上筑巢,并且每窝会产下两枚白色的卵。

雌性和雄性猛鸮各方面都十分相似,只是体型有略微的差异,另外羽毛特征的强度也有一些差异。

猛鸮前额有浓密的棕色和白色斑点,面盘是灰白色的,局部有黑色的新月形的线条,直到眼睛上部;猛鸮上体表有不规则的棕色和白色斑块,白色主要集中于肩部;翅膀为棕色,有不规则的白色条纹;整个下体表面为灰白色,有横向的棕色光泽线条,每根羽毛的羽干也为棕色;尾羽为棕色,有白色的条纹;跗骨为灰白色;爪趾为黄色;虹膜为亮黄色。

彩图中展示的是一只成年雄性猛鸮。

BIRDS OF EUROPE

VOLUME Ⅱ

INSESSORES（Ⅰ）

卷 二

栖 鸟 类（Ⅰ）

欧夜鹰

英文名 | *Eurasian Nightjar*　拉丁文名 | *Caprimulgus europaeus*

欧夜鹰

攀禽 / 夜鹰目 / 夜鹰科 / 夜鹰属

据人们所知，直到最近的几年里，欧夜鹰还一直是它所在的这一奇怪又有趣的物种中唯一一种在欧洲栖息的鸟类；然而奈特尔先生在西班牙南部发现了第二个同属物种。据他的描述，这种新发现的欧洲物种被命名为红颈夜鹰，因为这种夜鹰颈后面有一条很明显的红色斑纹。当然这样的名称比简单的欧夜鹰或者欧洲夜鹰也要更加精确一些。

欧夜鹰是一种候鸟。夏天它们栖息在欧洲所有气候温和的地区，在冬天临近的时候又会飞到地中海以南的地方过冬。在5月份的中旬至下旬，欧夜鹰会飞来不列颠群岛，又会在9月底到10月初期间离开英国。在这儿它们几乎分布于整个王国，山林、农场、长满茂密的蕨类植物的地带(在那里人们通常叫它们蕨鹰)，以及生长着高大草木的地方都是欧夜鹰喜欢的栖息场所。欧夜鹰的生活习性完全是昼伏夜出的，它们总是尽可能地躲避白天灿烂的阳光，但是在日暮渐渐降临的时候，它们就会飞出来四处捕捉金龟子、蛾子和其他的夜出性昆虫。

在捕捉猎物的时候，欧夜鹰飞行起来十分迅速，飞行动作变化比较多，姿态优美，与燕子类似。但是相比燕子，欧夜鹰的动作做得更加灵敏和轻松。

欧夜鹰并不会在繁殖期搭建巢穴，而是会在裸露的土地上产下两枚卵。蕨类植物、石楠或者比较高的青草，有时山林或者荆豆田都是它们比较喜欢选择的地方。不过，欧夜鹰选址最重要的因素还是要靠近山林，因为这样它们才能在白天的时候将自己隐藏起来。欧夜鹰的卵是白色的，有浅棕色和灰色的大理石花纹。

欧夜鹰也总是在地面上休息；当欧夜鹰栖在大树的枝条上时，它们的方式通常是顺着树枝的方向蹲坐，而不会像其他的鸟类那样横跨在树枝上。

蒙塔古上校说："雄性欧夜鹰在孵化鸟卵的期间会发出一种十分奇异的噪音。这种噪音和大型的纺车工作时发出的声音相似。欧夜鹰栖在树上的时候会发出这样的声音，这时候人们可以观察到它们的头通常会朝下；除此之外，欧夜鹰也会发出十分尖锐的尖叫声，在飞行的时候也会不断地重复这样的声音。"

欧夜鹰的身体上表面以及喉部为灰色，有数不清的深棕色斑点和条纹以及苍白色或棕黄色的着色；头部和背部有纵向的黑色条纹；下颌骨基部后面有一条白色的斑纹，这条斑纹一直延伸到脸部的两侧；喉部中央有一块白色的斑点；身体下表面为棕黄色，有横向的黑色条纹；羽茎的外羽片上有棕红色的斑块，3根外部的羽毛在内羽片的尖端部位有一块较大的白色斑点；尾羽上有不规则的黑色、灰色和棕黄色的斑点，两侧的外侧尾羽尖端有明显的白色；鸟喙和虹膜为深棕色；跗骨为淡棕色。

雌性欧夜鹰与雄性欧夜鹰的唯一区别就在于前者的羽茎上没有白色的斑点，侧尾羽尖端也没有白色的斑点。

我们彩图中展示的是一只雄性欧夜鹰。

楼燕（上）   白腹金丝燕（下）

英文名 | *Common Swift*　拉丁文名 | *Apus apus*　　　英文名 | *White-bellied Swiftlet*　拉丁文名 | *Collocalia esculenta*

楼燕

攀禽／雨燕目／雨燕科／雨燕属

我们知道的鸟类中（这当然包括欧洲的鸟类），没有哪一种的飞行能力可以赶得上我们现在将要讲述的这一属的鸟类：事实上，楼燕的自然栖息地是在空中，它们短小的爪趾和强壮的脚爪尤其适应于攀登岩石、高塔和高大建筑物的粗糙表面。静止休息的时候，这样的爪趾和脚爪也能够保证它们牢牢地抓握住支撑物。它们非凡的尾羽以及短小的跗骨使它们不能顺利地在水平的环境中行走，或者从这样的环境中起飞。如果必须这样做，楼燕要么需要付出更多的努力不断地尝试起飞，要么需要略微地抬升自己；因此，人们才几乎从来不会在地面上见到楼燕。这些鸟儿不仅飞行速度极快，而且追捕猎物时的飞行平稳又优雅。它们捕捉的昆虫正是它们最喜欢的午餐。在晴朗平静的天气中，昆虫王国的成员纷纷出发来到很高的空中，此时楼燕也飞升起来占据了大气层的最高处。在人类肉眼看不见的高空中，楼燕坚持不懈地追逐着它们的午餐。不过，这时楼燕飞起的高度要取决于它们喜爱的昆虫飞起的高度，而昆虫飞起的高度则受到天气的影响。因此，这些鸟儿们飞行的高度可以被看作是天气状况的指示器，楼燕也就相当于一只只活生生的晴雨表了。

楼燕在整个欧洲都有分布，本质上属于候鸟。在5月初，楼燕来到英国，在8月或9月又会离开。它们在老的建筑中、尖塔中、废弃的建筑物和岩石裂缝中繁殖和哺育下一代。它们的鸟卵是白色的。

楼燕的羽毛除了喉部为白色的，其他部位都是统一的烟黑色，有铜色的着色。雌性和雄性楼燕之间没有外在的明显区别。

白腹金丝燕

攀禽 / 雨燕目 / 雨燕科 / 金丝燕属

这种美丽的白腹金丝燕能在英国的动物志中占据一角还是基于在两个样本身上的发现。第一个是塞尔比先生在《诺森伯兰郡、纽卡斯尔以及达拉谟自然历史社会汇报》中对自己观察到的样本的描述。另一个是我们亲自观察到的样本情况。这个样本是胡佛先生的园丁在他靠近马盖特的肯斯盖特领地中杀死的一只白腹金丝燕。这只白腹金丝燕样本现在仍然属于胡佛先生。

白腹金丝燕的自然栖息地更多地集中在南欧的中部，尤其是高山地区和地中海沿岸。在直布罗陀海峡、撒丁岛、马耳他以及整个爱琴海地区，白腹金丝燕分布的数量都十分丰富。除此之外，在非洲北部它们的分布也比较多。在栖息习性方面，白腹金丝燕和在我国最著名的楼燕十分相似，但是它们的飞行能力比楼燕更强。

为了繁殖需要，白腹金丝燕会选择在岩石裂缝和高大的建筑上来筑巢；雌性白腹金丝燕一窝会产3~4枚鸟卵。鸟卵外壳为统一的象牙白色。

白腹金丝燕的雄性和雌性个体之间没有太大的差异，体长有23~25厘米。

家燕

英文名 | *Barn/European Swallow*   拉丁文名 | *Hirundo rustica*

家燕

鸣禽 / 雀形目 / 燕科 / 燕属

家燕的迁徙规律和活动规律现在已经被人们完全了解了,因此我们在此不需要再次说明。在不列颠群岛和欧洲大陆的其他地区,家燕到达的时间不完全固定,但大约也在一个可以估计的范围内。在4月5—10日的这段时间里,家燕在同一纬度的各个地区三三两两地出现了。在此之后,它们的数量陡然剧增,繁殖的工作也几乎在瞬间展开了。在这一个季节中,家燕通常会繁殖两窝幼鸟。第一窝雏鸟在仲夏之前大部分应该已经学会飞翔;而第二窝则要在8月中旬。即将要离开巢穴的雏鸟会由亲鸟殷勤地提供足够的食物和细心的关爱,直到它们足够强壮,能够照顾自己。繁殖的任务一旦完成,家燕就会成群结队地聚集到一起,遵循着自然的律法,追寻着来时的轨迹,回到更南边的国度去度过一年中剩下的日子。因为在那里昆虫类的食物更加丰富,可以维持它们的生命。在这种迁徙活动中,我们倾向于认为,成年的家燕要早于它们的后代先行离开,而这些雏鸟则会一直与我们相伴,直到这里的食物不足以满足它们的胃口。

这一空中部族的成员们飞行能力极强,也许只有楼燕能胜过它们。空中飞行是它们最大的优势。它们飞行时有灵敏地捕捉猎物的技巧,经过溪流时的饮水方式也十分令人惊异;在飞行中给幼鸟喂食的方式同样地身手敏捷。这一切都不能不让我们表示由衷的赞叹。

现如今,人们都普遍认为美洲的家燕与英国的家燕有一些明显的差异;因此我们所描述的这种家燕分布范围仅仅限于旧世界。在夏季的几个月中,家燕十分普遍地散布在整个欧洲。如前面所讲,它们还会定期地迁徙到热带地区。正如所有的候鸟要么从南向北迁徙,要么从北向南迁徙,因此非洲成了家燕的过冬之地。

在不列颠群岛上,家燕筑巢选址的地点通常是在烟囱和煤窑里面。但是在这个大陆的很多地方,也可以看到一些很罕见的情况。那就是家燕会在教堂的尖塔、废弃的建筑、屋檐、谷仓以及其他的外部建筑物中筑巢。家燕的卵通常一窝有4~5

枚，底色为白色，有棕红色和浅蓝色的斑点。

雄性家燕的前额和喉部为富丽的栗色；头部的其他部分、胸前的条带和整个上体表都为黑色，有蓝色的着色；尾羽呈十分明显的叉形，两枚外侧羽毛要远比其他的羽毛更长；所有羽毛的内羽片上都有一个较大的白色斑点，只有中央的两枚除外；整个下表面为白色，有棕红色的着色，着色在尾部和下尾羽覆羽上颜色最深；鸟喙和足部为黑色。

雌性家燕的额头部位富丽的栗色部分要少一些，黑色的部分也没有那么漂亮，外侧尾羽相比雄性家燕也要短很多。

幼鸟的额头部位完全没有深栗色，喉部也只有红褐色的着色；胸脯部位的条带也没有那么明显；身体整个上表面与成年家燕相似，但是着色更加暗淡；翅膀也要短很多，没有长尾羽。长尾羽要在第一次换羽之后才能生长出来。

我们彩图中展示的是一只成年家燕和一只幼年家燕。

黄喉蜂虎

英文名 | Common Bee-eater   拉丁文名 | Merops apiaster

黄喉蜂虎

攀禽／佛法僧目／蜂虎科／蜂虎属

黄喉蜂虎在鸟类家族中的位置似乎在翠鸟和燕子之间：它们与翠鸟的共同特征是十分细长的鸟喙、短小的跗骨、亮丽的羽毛色彩、十分相似的繁殖地以及白色的卵；而与燕子相似的地方在于群居的生活习性、极长的翅膀、强大而持续的飞行能力和飞行中捕捉昆虫类食物的特点。

我们相信，我们现在将要描述的漂亮物种是同属物种中唯一一种栖息在欧洲的。

黄喉蜂虎是一种候鸟，会迁徙到欧洲大陆温和的地区，数量十分丰富。它们最喜欢的地区是意大利、西班牙、西西里岛、爱琴海地区以及土耳其；它们也会常常到访法国、德国和瑞士。偶尔也会飞过英吉利海峡来到英国的海岸上空。有时是单独一只，有时是8只、10只甚至20只成群来到这里。但是由于我们的气候条件对它们来说不够适宜，所以它们也从来不做长久停留或繁殖的打算。蒙塔古上校告诉我们，在俄国南部黄喉蜂虎的数量十分丰富，尤其是在顿河和伏尔加河流域。

黄喉蜂虎选择的繁殖地与我们的岩沙燕十分相似。它们更喜欢陡峭的岩石岸堤和河流两岸。在那里它们会挖掘出深深的洞穴。洞穴的方向通常是倾斜的。

鸟卵通常有5~7枚，颜色为纯白色；但是黄喉蜂虎会将鸟卵产在地面上还是巢穴中，我们还没有十分确定的答案。在这方面不同的作者甚至持有相反的观点。

就生活习性方面来说，黄喉蜂虎与燕科的鸟类十分相像。它们会和燕科鸟类一样在空中连续飞翔很长时间，来来回回地寻找着食物，而它们的食物也包括苍蝇、蚊虫、小甲虫以及蜜蜂和黄蜂等。对于后两者，它们尤其偏爱，也因此得名黄喉蜂虎。尽管如上所述，黄喉蜂虎的飞行方式和燕科鸟类很相似，但是我们还得知在印度的一些同属鸟类的捕食习惯和翠鸟家族的习惯更加相似。它们会像翠鸟一样坐在一根树枝上，一动不动地等待着飞过的昆虫。在昆虫出现的一刻，它们就会如利箭一样飞出去抓住猎物，然后重新返回树枝上等待起来。我们有一些依据来怀疑这样的特性是否真的是该物种的同属鸟类都共有的。

　　总体上，黄喉蜂虎的雌雄性个体之间就羽毛方面没有实际的差别。或许只有一点，就是雌性黄喉蜂虎的羽毛颜色更加暗淡一些。这一点与翠鸟家族的鸟类也相同。幼年的黄喉蜂虎也具备这样的特点，因为成年黄喉蜂虎的羽毛是在很早的幼年阶段就形成了的。

　　我们彩图中的成年雄性黄喉蜂虎正处于羽毛最精致的阶段。

蓝胸佛法僧

英文名 | European Roller   拉丁文名 | Coracias garrulus

蓝胸佛法僧

攀禽／佛法僧目／佛法僧科／佛法僧属

蓝胸佛法僧是最漂亮的鸟类之一，它们的羽毛十分地绚丽多彩，将蓝色和绿色的明暗色调搭配得光芒四射，而且又是珍贵的物种。而我们的读者对这一物种知之甚少，因此可能会认为将蓝胸佛法僧列入我们的动物志中是一件不能令人十分信服的事情。然而事实上，不同的作者记录了很多关于蓝胸佛法僧在我国出现的例证。因此我们相信将蓝胸佛法僧看作英国以及欧洲的一种鸟类是我们的一项十分令人愉悦的义务。

这种帅气的鸟儿据说在德国的橡树林中十分常见，在丹麦和瑞典的橡树林中也是如此。在法国，蓝胸佛法僧的数量没有那么丰富，而且据特明科先生说，蓝胸佛法僧在荷兰更是从来没有出现过。在我国捕捉到的蓝胸佛法僧通常是在诺福克以北狭长的东海岸上发现的。蓝胸佛法僧通常会出现在较大的山林中，它们在腐烂树木的树洞中筑巢，每窝会产下4～6枚鸟卵。鸟卵表面光滑，为亮白色。形状是较短的椭圆形，几乎接近圆形，非常像我们的翠鸟的卵，但是要大很多。

这种鸟儿的身长大约有30厘米；鸟喙尖端为黑色，趋向于基部渐变为棕色，有少数的刚毛；两圈虹膜分别为黄色和棕色；头部、颈部、胸脯和腹部上有蓝绿色多变化的阴影，渐变为淡绿色；肩部为天蓝色；背部为红棕色；尾部为紫色；初级翅羽为深蓝黑色，边缘渐浅；尾羽为浅蓝绿色，外侧尖端为黑色，中央羽毛的颜色更深；足部为棕红色。暮年雄性蓝胸佛法僧的外尾羽更长一些。成年雌性蓝胸佛法僧与雄性鸟儿差别较小，但是幼鸟直到第二年才会长出一身亮丽的羽毛。

它们的食物总体上包括各种昆虫、蜗牛和其他虫子。从习性方面来说，这种鸟儿十分爱吵闹，好动。

我们彩图中展示的是一只漂亮的成年雄性蓝胸佛法僧。

普通翠鸟

英文名 | *Common Kingfisher*　拉丁文名 | *Alcedo atthis*

普通翠鸟

攀禽／佛法僧目／翠鸟科／翠鸟属

当这只迷人的小鸟如流星一般绚烂地从我们的视野中划过，泛着金属般的光泽时，我们一定禁不住想象我们是看见了从热带迁徙来的奇异生物。

翠鸟的胃口很大，它们喜欢的食物种类也比较丰富。它们性情胆怯，总是幽居独处。偏僻幽静的小河或小溪流附近是它们最喜欢的住处。在那儿，它们总是蹲坐在某个悬垂于溪流之上的枝条上，孤孤单单又一动不动地待上几个小时，耐心地看着河流中的小鱼儿（它们的食物）的动向。它在等待着一个有利的时机。时机一到，它就会鼓足全身的力量如利箭离弦一般，向离水面最近或者离它最近的小鱼儿猛冲上去。它们几乎从不会失手。然后它就会带着战利品，返回到原来蹲坐的大岩石或者树枝上去，接下来就要开始摧毁猎物的工作了。首先它会不停地挪动鸟喙中鱼儿的位置，直到嘴巴牢牢地咬住靠近鱼儿尾巴的部位，然后就会用力地将鱼儿的头部甩向身旁的坚硬物体上。现在，它就只需要再次调整鱼儿的位置，接着吞下鱼儿的头部；之后鱼儿身上难以消化的部分就会被扔弃，就像其他的猛禽所做的那样。

然而，翠鸟捕食绝不仅仅局限于这一种静坐观望的方式；当河流十分宽阔，侦查活动无法顺利展开的时候，它会在河面以上3~5米的空中悬停着，观察着河流中它的食物们的动静。一旦找到了合适的目标，它就会带着极大力量钻进水中捕捉鱼儿。这时它们往往能潜至很深的水下。翠鸟发达的肌肉、尖尖的鸟喙、慢慢加粗的楔子状的身形，以及不断地在水中进进出出、不时抖落一身水花的光滑又有金属色泽的羽毛，看起来都是专门为这样的捕食习性和工作而准备的。

翠鸟的翅膀短小而有力，因此它的飞行平缓，但是速度惊人。

翠鸟生性安静，但是在求偶期和繁殖期除外。在这段时间中，翠鸟会不时地发出刺耳的尖叫声，这或许是为了表达依恋的情感。除此之外，翠鸟同样还是孤僻、不喜群居的。翠鸟通常独自栖息，几乎不会几只结伴。即使是和配偶也只有在繁殖期间才会成双入对。因为这时候繁殖任务要求它们付出共同的努力。雌雄翠鸟双方殷勤地劳动才能获得足够的食物来哺育幼鸟。翠鸟选来繁殖的地点一般是在河流或池塘之上的陡峭和隐蔽的河堤上。它们一般会选择河堤上的一个洞穴，洞穴入口应该离开水面相当的一段距离，而洞穴的深度通常也有0.5~1米。不用筑巢，雌性翠鸟会产下5~6枚卵，卵表面为漂亮的粉白色。幼鸟刚刚孵化后，亲鸟们就会开始不断地向洞穴中运送食物，被扔弃的残骸很快就会在羽毛尚不丰满的幼鸟周围堆起来，发出难闻的气味。

幼鸟在羽翼丰满，能够飞行之后才会离开洞穴；那时候它们就会在附近的某个树枝上栖下来，叽叽喳喳地聒噪个不休，在它们的亲鸟飞过时唧啾着迎接它们，焦急心切地等待着亲鸟带来的食物。不过，在很短的时间里，这些幼鸟就能够自己去捕捉食物了。而且在很早的时候它们就会长出一身和亲鸟们一样的羽毛。普通翠鸟是栖息在欧洲的唯一一种同属鸟类，而欧洲西部地区包括不列颠群岛似乎是它们比较舒适的栖息地。幼鸟看起来具备局部迁徙的习性，至少在不列颠群岛上是这样的。它们沿着内陆的河流向海岸边飞去。在秋冬两季会到达海边的小河流和沟渠的入海口。不过它们更经常光顾的是南部的海岸线和附近水湾的海岸。

我们的彩图中展示的是一只雄性翠鸟。雌鸟和雄鸟的羽毛没有明显的差别。鸟喙为黑色；虹膜颜色深；头冠部、脸颊和翅膀覆羽为闪亮的深绿色，每一根羽毛的尖端有浅金属光泽；上体表的其他部分为漂亮的天蓝色；耳朵周围的羽毛为红褐色，一块白色的斑纹从耳后延伸至颈后。喉部为白色，下体表为精美的红褐色；腿部为亮丽的橙色。体长有17厘米；体重大约有50~70克。

斑鱼狗

英文名 *Black and White Kingfisher*　拉丁文名 *Ceryle rudis*

斑鱼狗

攀禽 / 佛法僧目 / 翠鸟科 / 鱼狗属

斑鱼狗的自然栖息地是非洲大陆和亚洲大陆。尽管如此，在希腊群岛的一些岛屿上还是能够看见它们的身影。尽管斑鱼狗只是偶尔到访欧洲大陆，而且颇为罕见，但是我们还是，也必须将它们包含进欧洲动物群中。在整个非洲大陆，斑鱼狗的分布十分密集，数量十分丰富，尤其是在尼罗河以及埃及的其他河流岸边。叙利亚以及邻国的相同地带也栖息着大量的斑鱼狗。在这个占据地球1/4的大陆上，我们直到最近才发现了翠鸟家族的一种鸟类。因此斑鱼狗的发现吸引了人们极大的兴趣，但是正是如此我们才很遗憾不能给读者们带来足够多关于这种鸟类特点和习性的知识。在我们以前提到的特明克先生的著作中的第三部分中仅仅做了如此的描述：斑鱼狗以鱼类为食，产下的卵为白色。斑鱼狗鸟喙的形状和总体的特征与普通翠鸟十分接近。斑鱼狗的身材大小和羽毛特征与普通翠鸟不同。不过我们完全有理由猜想斑鱼狗的整体结构与普通翠鸟完全一致。

与同家族的其他鸟类一样，雌性和雄性斑鱼狗的羽毛十分相似。不过幼鸟和雌性斑鱼狗的胸脯上有一条狭窄的白色横斑，而雄性斑鱼狗的胸脯上有两条这样的斑纹，上面的一条趋向于肩部变宽，而在胸脯中央变窄甚至消失；它们在其他方面十分相似，因此描述一种就足够了。

头冠部和枕骨部为黑色；整个上体表有许多黑白色斑纹，羽毛的边缘和末端都为白色；一条黑色的斑纹从嘴角延伸至耳朵附近；整个下体表为白色，除了胸脯上的黑色斑纹；主翼羽为黑色；尾羽基部为白色，其他部分为黑白相间的条纹；鸟喙为黑色；足部为棕红色。

彩图中展示的是一只雄性和一只雌性斑鱼狗。

斑鶲

英文名 | Spotted Flycatcher　　拉丁文名 | Muscicapa striata

斑鹟

鸣禽 / 雀形目 / 鹟科 / 鹟属

在一年当中最让人愉快的季节里，斑鹟也会飞来，让我们的山林和花园恢复得生机勃勃。在春天回归的鸟儿们当中，斑鹟要算最晚的了。它们几乎不会在5月中旬以前来到这里；但是这段时间一过去，人们就会发现似乎在不经意间斑鹟就落满了英国的众多地区。只要是适合它们生存的地方，你就能发现它们的踪迹。斑鹟在这里度过一个夏天，接着在9—10月份就会迁徙到气候适宜的南方。

斑鹟分布普遍，这一点与小斑鹟区别很大；除此之外，斑鹟也不只在较大的山林和种植园中出现，它们其实更喜欢花园、灌木丛和果园。它们不会害怕或胆怯，还常常会在农舍的门框上或者钉在墙上的水果树干上筑巢。有时也会在腐烂树木的树洞中、横梁末端或者园丁工具房里的椽子上以及其他的外层建筑物上筑巢。

斑鹟的巢穴是用苔藓、小树枝以及毛发和羽毛建成的；鸟卵一窝有4~5枚，为灰白色，有淡红棕色的斑点。当幼鸟离巢时，它们会跟在亲鸟身后飞到附近的山林、花园或种植园中。在那儿它们会受到亲鸟殷勤的照顾和喂养。

斑鹟在欧洲大陆的分布十分广，从北极圈边缘到欧洲的最南端都能看见斑鹟的踪影；我们也时常能在印度的鸟类收藏中观察到它们。

斑鹟是一只十分活跃的鸟类，总是在不知疲倦地捕捉着经过它们"领空"的各种小飞虫。它们通常最喜欢栖在腐烂的树枝上，从这个据点上它们不断地飞出去开展"空袭活动"来捕捉食物，又一次次地飞回来继续侦查等待。

斑鹟的鸣叫声比较低弱，音节单调，与微弱的唧啾声相似。

雌性与雄性斑鹟的羽毛颜色和特征几乎完全一致。身体上表面为棕色，头冠部有深棕色的斑点；喉部和腹部为白色；颈两侧、胸脯和两翼有棕色的条纹；鸟喙和腿部为深棕色。

我们彩图中展示的是一只成年雄性斑鹟。

灰伯劳

英文名 | *Great Grey Shrike*　　拉丁文名 | *Lanius excubitor*

灰伯劳

鸣禽／雀形目／伯劳科／伯劳属

灰伯劳在大不列颠地区是一种候鸟。它们来去大不列颠群岛的时间似乎并没有规律性，因此人们并不知道在一年当中的什么时候该做好迎接它们归来的准备。灰伯劳应该被看作是一种飘忽不定的流浪鸟，在一些季节里它们十分稀少，在另外一些季节又十分丰富，在秋冬季节更是十分罕见。因此，尽管我们被告知如此，但是灰伯劳究竟是否在我们的岛屿上繁殖这件事还是值得深究。在欧洲大陆上，灰伯劳的分布十分广，在一些地区它们甚至终年不离开，是一种留鸟。但是在另一些地区，灰伯劳则会定期地迁徙，随着季节变化离开和回归。

灰伯劳性情胆大、不畏人，会攻击比它们个头更大的鸟类，猎捕老鼠、青蛙以及各种小鸟来作为食物。但是我们认为灰伯劳的主要食物还是各种甲壳类昆虫。灰伯劳用于杀死猎物的力气来自鸟喙。灰伯劳的鸟喙既厚又壮，用它可以轻易地刺穿各种小动物的头盖骨。它们从来不会像大型猛禽那样用脚爪来击打猎物，而仅仅是用它们来抓握和稳定猎物。尽管灰伯劳的腿部和爪趾都比较细，而且瘦弱，但是爪趾上长着比较锋利的爪，另外爪趾还有很大的握力。关于灰伯劳的习性最有趣的一个特点是，灰伯劳在捕获食物并且准备进食期间，为了固定住猎物，它们会将猎物穿在荆棘或者尖端锐利的木棍上。这是灰伯劳的专属性格，确定无疑。而且它们会主动有意识地选择合适的荆棘或者木棒。做好这些以后，它们就会将猎物撕碎，同时开始心满意足地进食。据记载一种新荷兰的鸟类也有相同的非凡性格。

灰伯劳名字当中有警卫或哨兵的意思，这是由林奈先生给予的。因为灰伯劳在欧洲大陆上被放鹰人以及其他人用来获得猎鹰。尤其是在游隼迁徙期间，可以利用灰伯劳来捕获游隼，再用后者进行捕猎活动。在前一个活动中，灰伯劳可以担当监视报警器的工作。当猎鹰出现在灰伯劳的视野中，哪怕仍然很远，它们就会立即发出聒噪的唧啾声，提醒猎人目光灵敏的猎物已经靠近。为了捕捉猎鹰，猎人们早已巧妙地架起了诱捕网。猎人手中控制着另一端拴住了一只鸽子的绳子,他会调整鸽子的位置,引诱猎鹰进入设好的陷阱中。同时,灰伯劳在发出了报警信号之后就会躲进猎人提前准备好的洞中。不过,在洞中它们依然会大声地鸣叫。此时,猎鹰向鸽子诱饵飞来,而猎人控制着鸽子向陷阱飞去。猎鹰不会就此放弃即将到口的美食,所以一旦猎鹰进入陷阱中,捕捉猎鹰的工作就顺利完成了。在整个工作中灰伯劳担当的职责没有哪一种鸟儿能比它们做得更出色。在用鹰捕猎的活动十分盛行的时候,灰伯劳的长处也得到了应有的重视。

灰伯劳最喜欢的栖息地是高高的树篱、小灌木林和茂密的树林中。它们也会在这些地点繁殖,用草、苔藓和植物纤维建起巢穴。灰伯劳一窝会产下5~7枚白色的卵,上面有灰色和棕色的斑点。雌性和雄性灰伯劳的羽毛唯一可观察到的差别就是雌性鸟类的胸脯上有略微的灰色横斑。

成年雄性灰伯劳的头部、颈部和背部为漂亮的淡灰色;眼睛下方有黑色的斑纹,一直覆盖到耳朵周围的羽毛;翅膀为黑色,中央有白色的斑点,白色由羽茎基部开始。外侧尾羽为白色;其他部位为黑色,尖端为白色,至两枚中羽白色部分逐渐减小,两枚中羽全部为黑色;鸟喙和足部为黑色。体长为23厘米。

我们彩图中画的是一只成年雄性灰伯劳。

金黄鹂

英文名 | *Eurasian Golden Oriole*　拉丁文名 | *Oriolus oriolus*

金黄鹂

鸣禽／雀形目／黄鹂科／黄鹂属

现代作者们界定的黄鹂属包括一群美丽的鸟儿。它们以美貌著称，羽毛颜色对比鲜明。该家族的不同物种都有不同比例的亮黄色与深黑色羽毛。本属鸟类的相似程度和自然混合度比任何一属都高。

金黄鹂偶尔来到英格兰往往只是做短暂的休息。它们到访英格兰的次数有限，而且时间一般只选在夏季。尽管它们的数量稀少，但是金黄鹂在英国并不算是最罕见的，因此在动物志中占据了一个位置。我们目前还尚不了解它们在英格兰繁殖的例子；不过我们仍然有理由猜想，如果我们岛屿上某个地区适合金黄鹂居住，而且它们的生存也不会受到打扰，那么金黄鹂会在不列颠半岛上繁育后代。

与很多热带地区的鸟类一样，金黄鹂的巢穴巧夺天工，设计十分精巧。大麻纤维与各种植物被巧妙地编织在了一起，还铺垫了苔藓和地衣之类的内衬。这样的巢穴一般建在高大树木最高枝的顶端；金黄鹂一般一窝产4～5枚卵，底色为纯白色，有一些界限分明的棕紫色或黑色的斑点。它们的食物包括野梅子、水果以及昆虫和它们的幼虫。

雄性金黄鹂的鸟喙为棕红色；虹膜为红色；羽毛整体为雄黄色，鸟喙和眼睛之间有黑色的条纹；翅膀为黑色，有黄色的斑纹；全部飞羽尖端都为黄白色；两根中央尾羽为黑色；其他尾羽基部有一半是黑色的，其他部分为黄色；跗骨为铅色；脚爪为黑色。鸟儿体长大约25厘米。

雌性金黄鹂鸟的身体上部分为黄色，着色为橄榄绿，下体表为灰白色，每根羽毛都有深色的纵向斑纹；翅膀为棕黑色，尾羽为淡橄榄绿，而雄性尾羽为黑色。

当年的幼鸟与雌性相似，下体表的纵向斑纹更明显；虹膜为棕色，鸟喙为深灰色。

我们的彩图中展现的是一只雄性和一只雌性金黄鹂。

乌鸫

英文名 | *Blackbird*　拉丁文名 | *Turdus merula*

乌鸫

鸣禽 / 雀形目 / 鸫科 / 鸫属

这种我们十分熟悉的物种在欧洲地区分布十分广泛；而且尽管乌鸫在欧洲是一种留鸟，一年到头都不会离开我们，然而在欧洲大陆的一些地方乌鸫也会旅行；我们可以补充，在严寒的冬季到来时，我们岛上的乌鸫数量会突然增加很多，这是因为来自北方的候鸟也飞来加入了留鸟的队伍。

在生活习性方面，乌鸫比真正的鸫科鸟类更喜欢在陆地上生活。它们常常飞去偏僻的小灌木丛、篱笆墙、山涧河谷以及花园和灌木丛，在树木下面蹑手蹑脚地行走，被行人注意到又会十分敏捷地躲藏起来。在傍晚时分，乌鸫尤其活跃和聒噪。在它们休息之前，会在篱笆丛中飞来飞去互相追逐着，一边发出刺耳的哨音。但是它们不喜欢群居，在同一地点中乌鸫几乎从来不会有超过2~3只。它们筑起的巢穴结构也有细微的差别。鸟卵的颜色和筑巢环境方面都有一定程度的差异。另外，雌鸟和雄鸟羽毛颜色方面也有明显的不同。

尽管乌鸫的歌声比不上画眉鸟的歌声那样婉转动听，但也是清脆嘹亮的乐曲。在宁静的春日早上和傍晚，它们的歌声听起来也会令人十分愉悦。因此乌鸫赢得了大多数人的喜爱。乌鸫完全是杂食性的，每个季节中大自然中有什么它们就会吃什么。冬天它们以浆果、虫子和蜗牛为食。这时候它们通常在篱笆丛下或者其他隐蔽的地方寻找这些食物。而在夏天，蠕虫、昆虫和它们的幼虫以及各种水果，只要是花园中和篱笆丛中能提供的它们都来者不拒。

乌鸫总是很早就开始繁殖工作。常常在二三月份，它们就已经开始筑巢了。它们通常将巢穴建在茂密的隐蔽灌木丛、月桂树、常春藤或者任何茂密的绿叶林中：巢穴外部是苔藓、小树枝和草木纤维混合着泥巴，内部是柔软的干草。鸟卵通常一窝为5枚，为蓝绿色，有棕红色斑点。

彩图中展示的是一只雄性和一只雌性乌鸫。

旅鸫

英文名 | *American Robin*　拉丁文名 | *Turdus migratorius*

旅鸫

鸣禽 / 雀形目 / 鸫科 / 鸫属

这种美丽的画眉鸟即使称不上是诗人们热爱的主题，也总是会引来许多热情洋溢、文采飞扬的赞美文字。其中最生动的描述是在威尔逊、奥杜邦和理查森博士的作品中。从最后一名作者那里我们知道，在鸟类家族中，旅鸫是少数的几种会选择在如此寒冷的北方地区来繁殖的鸟。

当我们考虑到这些鸟儿的迁徙行为，以及它们在高纬度地区的繁殖习惯时，它们在欧洲偶尔出现这一事实也就没有那么令人惊讶了：看一眼地球仪，我们的读者就能够清楚地明白，当它们进行着庞大的迁徙之旅时，稍稍地偏离常规路线就会让它们来到欧洲大陆。而我们知道在欧洲，人们时常能看见旅鸫的身影。在特明克先生的著作第三部分中他写道，德国捕杀过一只旅鸫；而布雷穆先生也告诉我们在维也纳的一些街区中人们也见到过旅鸫。我们认为旅鸫和普通的乌鸫同属于一属，我们也知道它们的生活习性、外形特点以及鸣声和繁殖地都有很大的相似之处。奥杜邦先生说："旅鸫(美国人叫作知更鸟)鸣声中的一些音符很像欧洲乌鸫的某些鸣叫声。在英格兰的田园灌木丛中飞来飞去的乌鸫发出的鸣叫声会让我想起美国的知更鸟；而在美国乡野中，知更鸟的鸣叫声同样也会让我想起英格兰的乌鸫。"

雌性和雄性旅鸫的羽毛没有明显的区别，不过雌性乌鸫的羽毛着色更浅一些，另外雌鸟的个头也要小一些。

头部和脸部两侧为深黑色；眼圈为白色；整个上体表为煤烟色，肩部有棕色的着色；翅膀和尾羽为棕黑色，外侧为灰色；两个外侧尾羽尖端为白色；下颚为白色，有棕黑色的斑点；胸脯和下体表为橙红色，每根羽毛边缘有精致的灰色；尾部以及下翅羽覆羽混杂着白色和灰色；鸟喙为黄色；虹膜为淡褐色；足部为淡棕色。

我们彩图中描绘的是一只成年旅鸫。

欧歌鸫（下）

白眉歌鸫（上）

英文名 | *Song Thrush*　拉丁文名 | *Turdus philomelos*

英文名 | *Redwing*　拉丁文名 | *Turdus iliacus*

欧歌鸫

鸣禽／雀形目／鸫科／鸫属

欧歌鸫是人们最喜爱的一种鸟类，也似乎栖息在欧洲的每一个国家当中，因此我们可以说欧歌鸫的自然栖息地在欧洲。欧歌鸫可以被看作真正鸫科鸟类的一个典型代表，它们数量非常大，分布在世界上的大部分区域。美洲的温带国家也为我们提供了几个欧歌鸫的样本；亚洲和非洲以及印度群岛都有歌声婉转悦耳的欧歌鸫。在不列颠群岛上，欧歌鸫也几乎分布于所有山林地带。它们尤其喜欢灌木丛和茂密的篱笆丛。欧歌鸫从来不会惧怕人类，总是自在地闯进花园和果园中，大胆又热情地歌唱着各种曲调，这为它们赢得了人类的善心和保护。在早春时候，欧歌鸫就开始筑巢工作了。它们的巢穴通常离开地面1米多，在它们常出没地带的任何灌木或小树上它们都能安下家来。欧歌鸫的巢穴外层是粗糙的苔藓混杂着枯叶和青草；里层整洁地覆盖着乌鸦粪便、有些腐烂的蔬菜以及泥土；就在这之上，雌性欧歌鸫产下卵。卵通常有4～5枚，外表是漂亮的蓝色，有黑色的斑点。

欧歌鸫的生活习性与白眉歌鸫和田鸫差异巨大。欧歌鸫不喜欢群居；尽管每年从北方国家飞来的欧歌鸫数量极大，但是一旦到达我们的岛屿，欧歌鸫就四下散开，各自去田野、树林中寻找这个季节能生产的食物去了。随着寒冬的蔓延，欧歌鸫还会继续向南方迁徙，但是它们几乎从不会都离开我们的国土。

幼鸟很早就会长出它们亲鸟羽毛上有的明显特征：雌雄欧歌鸫个体的差别很小，几乎无法区分。

它们的食物包括蠕虫、昆虫、蜗牛和水果。

头部和上体表为棕橄榄色；颈两侧和胸脯为淡黄色，后者有深棕色的箭形斑纹；腹部中央为白色；下翅覆羽为淡红橙色，不过颜色没有白眉歌鸫更明晰清楚；鸟喙基部和腿部为浅棕色；鸟喙尖端趋向于黑色。

我们彩图中展示的是一只羽翼丰满的成年欧歌鸫。

白眉歌鸫

鸣禽／雀形目／鸫科／鸫属

白眉歌鸫完全是一种候鸟；一年中的大部分日子，通常是从10月份到次年的五六月份，它们会与我们在一起。尽管如此，在其他的日子里，它们总是一成不变地飞去挪威和拉普兰德松树林中繁殖。它们的体型要比典型的鸫科鸟类小一些，与它们不同，白眉歌鸫喜欢群居。秋天，白眉歌鸫总是成群结队、浩浩荡荡地从北方飞来。在天气温和的时候，它们会飞去牧场上寻找昆虫、蠕虫来果腹。霜降之后，它们就主要以白刺、花楸和常春藤的浆果为食。白眉歌鸫对常春藤有特殊的偏好，尤其是在春季。我们见过5月份的常春藤，上面的浆果被白眉歌鸫吃了个精光。我们也知道这种鸟儿被活活饿死的情形。哪一年若是残酷的冬天出乎人们意料地早早到来了，白眉歌鸫就只能找到这些树上的浆果维持生存。一旦没有了这些食物，它们又没有足够力气继续向南迁徙，这样白眉歌鸫不可避免地就会被活活饿死了。

白眉歌鸫的习性比其他一些鸫科鸟类更加羞怯胆小。它们十分喜欢高大的树木和山林，从来不会像欧歌鸫那样在低矮的灌木丛和小树林中栖息。它们的歌声与欧歌鸫相似，只是听起来没有那么有活力；在白眉歌鸫飞去环境适宜的北方国家繁殖之前，它们常常会甜美地鸣唱。

头部和整个上体表为橄榄棕色；鸟喙和眼睛之间的区域为深棕色，混杂着黄色；眼睛上方有黄白色的条纹；颈两侧以及两翼为白色，有暗淡的棕色斑块；腹部为纯白色；下翅覆羽为红橙色；腿部为淡棕色；雌性和雄性白眉歌鸫外表没有可见的差异。

我们彩图中画的是一只成年雄性白眉歌鸫。

河鸟

英文名 | Water Ouzel   拉丁文名 | Cinclus cinclus

河乌

鸣禽／雀形目／河乌科／河乌属

据我们现在的知识所了解，河乌属是一个很小的属，只包括3个物种。其中一个物种的自然栖息地在喜马拉雅山区，另一个在墨西哥，而第三个就是现在我们要说的物种，在欧洲。欧洲大陆的多山地带以及我们的岛屿上都能见到它们的踪影。

河乌常常栖息在一些荒凉、隐蔽的地带，这就阻碍了我们对这一物种获得更多的了解。它们非凡又新颖的特征让我们对它们的生活习性产生了更大兴趣。所谓非凡又新颖的特征，是指河乌为了寻找食物而潜水和在水下悬浮的本领。尽管这一特征受到了博物学家们的广泛关注，但是这一主题还没有获得详细的、科学的审查。我们认为这是值得的。我们希望人们有机会能够对野生的河乌做仔细的观察和研究；因为尽管从表面看上去这一小小的鸟类不可能做出这样非凡的举动，但是事实上它们的确能够潜到河流底部去寻找藏在水底岩石上的小昆虫和它们的幼虫。

关于河乌在水下悬停这一行为，我们自己也曾经多次亲眼看见过；但是河乌究竟需要费很大的力气才能做出这样行为，还是十分轻松，这一点我们还没能从更多的观察中得出结论。

河乌是一种活力十足、十分活跃的小鸟，总是在河流边的岩石间轻快地飞来飞去。它们尤其喜欢蹲坐在溪流中突出的岩石上，腹部白色的羽毛让它们非常显眼。人们可以看见它们撅着尾巴，头浸在水中，这时候的样子和鹡鸰相似。另外尤其是在深冬时节，积雪覆盖了大地的时候，还会时不时地唱一些生动的小曲儿。有时也会潜入水中，在水底潜走，又从很远处的水面下钻出来。河乌在低空中飞行，速度比较迅速，路线很直。事实上，河乌与翠鸟很相似，也不喜欢群居，更喜欢独自幽居。然而，它们栖息的环境又和翠鸟的栖息环境大不相同；翠鸟喜欢在土壤肥沃、物产丰足地区的小河边出没，而河乌则更喜欢流经山崖和幽谷的湍急清澈的河流。

这种有趣的小鸟会在粗糙的岩石和崖壁的裂缝间搭建巢穴。这样的环境在它们的栖息地区中是很常见的。大块的松动岩石间也是它们的选择。河乌的筑巢手法很是精妙,巢穴由附近的各种苔藓和青草建成,还像鹪鹩那样专门搭起了圆屋顶:鸟卵通常一窝有5~7枚,为美丽的纯白色。鸟儿到达成熟期时,既不会经历特殊的羽毛变化,也不会展示出外在的性别差异。然而幼鸟的上体表棕色部分比例大,白色部分蔓延至整个腹部,不过有棕色的小斑点。这些斑点随着鸟儿长大也在慢慢加深。

在我们的岛屿上,我们只能在威尔士(我们有幸在这儿获得了一些河乌样本,此图中的河乌就是参照这些样本绘制的)、德比郡、约克郡以及整个北部山区找到河乌。在欧洲大陆上,从俄国到意大利的松树林和山区中都广泛地分布着河乌。

河乌身体上表面是深黑棕色,每根羽毛的外边缘都为黑色;喉部和胸部为纯白色;腹部为红褐色;鸟喙为黑色;虹膜为淡褐色。

我们彩图中展示的是一只成年河乌和一只当年的雏鸟。

草原石䳍

英文名 | Whinchat　拉丁文名 | Saxicola rubetra

草原石鵙

鸣禽／雀形目／鹟科／石鵙属

  每年许多候鸟紧紧跟随着春天的脚步来到我们的岛屿上，草原石鵙就是其中最优雅、最惹人喜爱的一种鸟类。然而，草原石鵙到来的日子要晚一些。4月中旬以后我们才能看到它们俏丽的身影。草原石鵙会成双成对地来到英格兰各地区的牧场和开阔的荒地上，但是草原石鵙在德文郡和康沃尔，尤其是这些地区的西部十分罕见。尽管草原石鵙不是非常杰出的歌唱家，但是它们简单轻快的调子无论如何也不能说不让人愉快。况且它们活泼机灵的生活习性与它们的歌声十分和谐，格外有趣。草原石鵙的一些特点不能不说与翠鸟很相似。比如，草原石鵙也会蹲坐在草茎或船坞上，在昆虫飞过的时候冲出去将它们捉住，然后返回原来的位置吃掉昆虫，继续等待。但是草原石鵙的跗骨长度决定了它们只能在荒凉的宽旷草原或者荒地上栖息；因此人们很少会看到它们在树林或者茂密的小灌木林中出现。而我们知道，我们的鸣禽们大多数就生活在这些地方。草原石鵙羞怯胆小，不愿被人靠近。一旦有人试图走进，它们就会立刻飞起来，眨眼间就飞进了附近的灌木丛中或者直入云霄，还会不停地监视入侵者的动向。如果再次受到打扰，它们又会重复之前的行动，再做一次短途的飞行。然而，它们一般不会因为这样的原因而飞离所在的地区，而雌性草原石鵙则会在隐蔽的巢穴中继续孵化鸟卵的工作。在此期间，如果有人靠近它们的巢穴，雄鸟就会十分地不安和焦虑，在树枝间飞来飞去，不停地扭动着尾巴，发出吵闹的鸣声。这时候的鸣声主要是两个音节"u-tick"，而第二个音节则被重复多次。这样的鸣声在很远之外就能听得十分清楚。草原石鵙在地面上或者地面附近筑巢，巢穴主要是使用粗糙的草叶编织成的，里面内衬是比较柔软的纤维；鸟卵通常有五六枚，为蓝绿色，大的一端有细小的浅红棕色斑点。

  草原石鵙在欧洲大陆的北部分布似乎十分广，在英国它们最喜欢的栖息地也是如此，即高山荒野和广阔的草原。在秋天慢慢过去，各类昆虫渐渐缺少的时候，草原石鵙也消失了。它们飞去了南方国家，可能是黎凡特、叙利亚以及非洲北海岸。那里的昆虫更加充足。

尽管雌性和雄性草原石䳭的羽毛大体相似，雄性草原石䳭的羽毛颜色更亮，对比更鲜明，眼睛上方及翅膀上有显著的白色条纹，因此总是能被区分出来。

雄性草原石䳭的鸟喙为黑色，基部有一些刚毛；从鸟喙到眼睛以及耳部覆羽有一道宽阔的黑色条纹，其上又有一条白色的斑纹；头冠部、背部和翅膀覆羽为深棕色，每根羽毛边缘为浅铁锈色；下颚为白色；喉部以及胸脯部位为橙棕色；腹部、尾部以及大腿部位为浅黄色；尾羽短，外侧羽毛基部为白色，其他为黑色。

雌性草原石䳭眼睛以上的条纹颜色更浅、更不明显；两颊不是黑色，而是与整个头部颜色相同；整体羽毛颜色更暗淡、标志更模糊、翅膀上没有白色标志；腿部和爪趾为黑色。身长大约为13厘米。

我们彩图中展示的是一只雄性和一只雌性草原石䳭。

欧亚鸲

英文名 | European Robin　拉丁文名 | Erithacus rubecula

欧亚鸲

鸣禽／雀形目／鹟科／欧亚鸲属

我们可以将我们熟悉的这种活泼的小鸟看作是一种欧洲本地物种，因为从非洲北部、印度和中国各个区域送来的大量样本中，我们还没有发现过一只相似的鸟儿。从我们目前阅读到的著述中，也还没有哪一位作者表达过见到过欧亚鸲在任何其他地区栖息的经历。然而欧亚鸲的栖息地向东应该涵盖了小亚细亚地区，因为我们从来自黑海沿岸的物种样本中找到了唯一的一只欧亚鸲。在欧洲的中部和北部地区欧亚鸲的数量最丰富，分布也最普遍。在那些地方，事实上人人熟知这种鸟儿的生活习性和特点，而且没有人不把欧亚鸲作为最爱的一种鸟儿。

欧亚鸲还是一种勇气十足、丝毫不畏人的鸟类，它们总是肆无忌惮地来访人类的花园和房舍内部。它们欢乐的个性和动人的歌曲，也使得欧亚鸲受到了大多数居民的欢迎。在清晨和日暮它们总是欢快地鸣唱着。在深秋和更冷的冬天，其他的鸣禽们都息了声，它们有时还是依然卖力地鸣唱。尽管这只知更鸟个性和特点都很受人喜欢，但是它们仍然也有聒噪和好斗的一面。在一个花园或者一个较小的区域内，两只雄性欧亚鸲绝对不会平安无事地和平共处，强者总是会驱赶弱者。这一点欧亚鸲与其他很多鸟儿不同，后者在冬季总会成群结队浩浩荡荡地一起飞行。甚至欧亚鸲的近亲美洲红尾鸲以及穗鵖也是这样，在夏末整个家族一起飞向更温暖的地区。而欧亚鸲则勇敢地抗战我们最寒冷的严冬，并且安然无恙地迎接一个又一个的春天。在一年当中的大部分时间里，欧亚鸲的食物包括蠕虫、蛆虫、柔软的毛毛虫以及各种小昆虫。季节到了的时候也会补充一些浆果和水果；但是在深冬腊月，当自然界中的食物不能获得的时候，它们会吃面包屑和人类制造的其他垃圾。

雌性和雄性欧亚鸲的羽毛十分相似，而且同一对配偶从春到冬一年都一直在一起。在夏候鸟们还没有来到的时候，欧亚鸲就已经开始孵化幼鸟的工作了。因此，欧亚鸲一年当中一般会繁殖两次，抚育两窝幼鸟。它们的筑巢之地一般都根据环境来选择。有时是树根下的一个土堆，有时候是房屋侧墙上的一个洞或者在花园里的工具间中。巢穴是用苔藓、树叶、青草以及植物茎秆或者任何可以获得的材料建成的，里面一般还铺衬着毛发；鸟卵有五六枚，为灰白色，有红色的斑点。幼鸟在前三个月中几乎难以看出是知更鸟的后代，它们的羽毛与成年欧亚鸲羽毛的差异十分显著；冬天的时候羽毛会发生变化，新长出来的羽毛和成年欧亚鸲的羽毛相似。在幼年能够独自飞行后，它们就会被亲鸟们赶出巢穴，并且被逼迫去别的地方落脚。

头冠部和整个上体羽毛为柔和的橄榄棕色，翅膀和尾羽颜色最深；脸部、喉部以及胸脯为漂亮的铁锈红；下体表其他部位为暗淡的白色；鸟喙、虹膜和跗骨为棕黑色。

长齐羽毛的幼鸟上体表为深棕色，有密集的黄色斑点；胸脯有铁锈红的着色，每根羽毛上有深棕色的边缘；下体表为灰白色。

彩图中展示的是一只成年雄性和雌性欧亚鸲，以及一只羽翼丰满的幼鸟。

林岩鹨

英文名 | Hedge Accentor   拉丁文名 | Prunella modularis

林岩鹨

鸣禽 / 雀形目 / 岩鹨科 / 岩鹨属

在整个大不列颠甚至以及整个中欧地区,在每一个花园和每一个篱笆丛中,我们都能见到这种熟悉的鸟类。林岩鹨也是我们的小型鸟类中最坚强的一种,它们面对最残酷的严冬也毫不畏惧。当土壤都冰冻,甚至覆盖着积雪的时候,人们依然可以看到林岩鹨与往常一样快活机警地寻找着食物。而这时它们的食物或藏在地面上,或在河堤上的枯叶中,也许在篱笆丛下。

事实上,林岩鹨常常会和普通的麻雀和知更鸟混在一起,飞入农家庭院,靠近人类的住房,胆子很大,与人类关系十分亲密。林岩鹨更多在陆地上栖息,人们推测这是因为它们的食物主要在土地上;林岩鹨行走的方式是不断地短距离跳跃。它们不知疲倦地窥探草地和枯叶间的动静,孜孜不倦地寻找着昆虫、小蠕虫以及植物的种子等。春季来到之后,雄性林岩鹨开始鸣唱。它们的鸣声即使赶不上最好的鸣禽,但是也算得上是动听。在冬季它们甚至也不会完全休息、不再鸣唱。居维叶证实了这一观点,他告诉我们,林岩鹨会用愉快的鸣声欢迎这个季节的到来。我们也从这位著名的博物学家那里知道,尽管在法国林岩鹨是一种冬候鸟,它们在春天飞去北方繁殖,这在我们的岛屿上完全不是那么一回事,因为每一个小学生都熟悉林岩鹨的鸟巢和它们漂亮的蓝色鸟卵。

林岩鹨繁育任务开始的比较早,常常在3月份就会开始筑巢。它们通常将自己的巢穴建在篱笆丛中最茂密的地方,常常在荆豆和常绿植物中间;巢穴一般由苔藓和羊毛编织而成,混杂着比较好的树根和小嫩枝,内衬是头发;鸟卵通常有4~5枚,为漂亮的天蓝色。

我们还从来没有在欧洲的收藏中见到过这种鸟儿;事实上,岩鹨属的鸟类栖息地严格地局限在世界的这一部分地区,以至于我们目前还没有从任何国外的收藏中见到更多的同属鸟类;唯一一个外国岩鹨属物种是在喜马拉雅山区发现的。

扇尾莺

英文名 | *Fantail Warbler*   拉丁文名 | *Cisticola juncidis*

扇尾莺

鸣禽／雀形目／扇尾莺科／扇尾莺属

因为我们还没有亲自观察到野生环境中的扇尾莺，无法考察这种有趣的小鸟的生活习性和行为特点，所以我们不能说扇尾莺应该属于一个新的属，还是属于苇莺属。我们暂时将扇尾莺放在苇莺属的位置。但是在任何情况下，扇尾莺在鸟类图谱中的位置都不会离苇莺属鸟类太远。

扇尾莺的自然栖息地在欧洲的南部和中部，以及相邻的亚洲和非洲地区。从直布罗陀海峡到君士坦丁堡的地中海沿岸，扇尾莺都分布得十分普遍；在希腊群岛和相邻的大陆上也很常见。意大利和西西里岛也发现了它们的踪影。它们常出没于有高大草木的低矮沼泽地，和芦鹪鹩一样，扇尾莺筑起的巢穴异常美丽奇特。可以说，在相似物种中独树一帜。受到较小体型的限制，它们不能编织较大的芦苇，但是扇尾莺能够使用大片的草茎和草叶，并将巢穴放置其中。但是扇尾莺编织这些草叶和草茎的方法与芦鹪鹩不同，它们会穿破每片草叶，并用棉线穿起所有的草叶和草茎。为了牢固固定，它们还会在每一个穿孔的地方打上一个结，手法之精妙让人怀疑是出自人类之手。在这固定好的青草间，扇尾莺放置了它们的巢穴。巢穴是用植物纤维编织而成，内衬是一种羊绒状的绒毛，是扇尾莺从各种不同的植物上收集来的。鸟卵通常有4～5枚，据说为发蓝的肉色。莱瑟姆博士帮助我们证实了扇尾莺在直布罗陀海峡附近出没，十分敏捷地到处飞翔。当它们受到了打扰，就会远距离飞行，一路上大声地尖叫着简单的音符。飞行的时候它们的尾羽直立，散成环形，看起来非常美丽；因此我们可以说扇尾莺这个名字是十分准确的。

雄性和雌性扇尾莺的羽毛颜色很相近，几乎无法区别；然而，雄性鸟类的尾羽比雌性扇尾莺的尾羽略长。

彩图中展示的是一只成年扇尾莺，羽翼是最完美的时候；另外还有一只扇尾莺的巢穴。

夜莺

英文名 | *Nightingale*   拉丁文名 | *Luscinia megarhynchos*

夜莺

鸣禽 / 雀形目 / 鹟科 / 歌鸲属

众所周知，夜莺是一种无出其右的优雅歌唱家，世世代代从来没有从诗人的笔端逃脱过。但是我们在这里要将主题限制在这种鸟类的生活习性、自然栖息环境和迁徙行为等方面的详细知识，而先不去赞美它们卓越的嗓音和优美的曲调。

布莱斯先生最近花费了大量的精力研究夜莺这一物种的迁徙行为和自然栖息环境。我们认为有必要让读者去参考这位先生的著作，他关于此主题的论文发表在了《分析师》的第十五和第十六号刊上。除了布莱斯先生在那里告诉我们的知识，我们只需要补充少量信息来让每一个人都能更清晰地了解这一物种。

在我们的岛屿上，夜莺只在几个特定的地区出没；在南部和东部各郡，夜莺的数量十分丰富，而德文郡则似乎是夜莺栖息地的西边边界，约克郡的唐卡斯特则是夜莺居住区在北方的边界。在这个城镇更北的地方，很少有真正的夜莺出现。这一点是让人难以置信的，因为在瑞典和其他比英格兰更靠北的地区，夜莺还是很常见。

我们对于夜莺的迁徙行为也做了一些观察。我们注意到夜莺离开我们的岛屿后，会飞去与此相对的欧洲大陆西海岸，到达此处后，它们会逐渐地向南飞去，最后来到非洲。在不列颠群岛度过冬日的时候，夜莺也最终在非洲大陆上栖息下来了。我们自己也收到了来自非洲北部的夜莺样本，但是还从来没有收到来自非洲中部或南部的样本；因此，我们推测夜莺在非洲大陆上的分布是较狭窄的。而在欧洲，西班牙和意大利拥有的夜莺数量最多；但是在这些地区的夜莺也和我们的夜莺一样在冬季到来之前会迁徙到更温暖的南方地区。

夜莺生性极其羞怯；它们栖息在低矮潮湿的矮树林、茂密的灌木丛、树篱等相似的地区。人们很难发现夜莺的踪迹。只是它们奇特的求偶鸣叫声和歌声暴露了它们的存在。在求偶工作完成之前，夜莺的歌声丰富多变、声音有力，在众鸟类之中是最出类拔萃的。但是一旦求偶工作完成，夜莺的歌声就变得断断续续，时有时无。在迁徙工作开始之前,雄性夜莺和雌性夜莺分开了,它们也就完全罢唱了。雄性夜莺要比雌性夜莺提前10天甚至两个星期的时间离开。

夜莺的巢穴建在地面上,或者低矮的树桩上。材料一般是枯叶,有时里面会铺上干草;鸟卵通常有4~6枚,为简单的黄棕色。亲鸟通常主要用绿色的毛毛虫来喂养幼鸟,"很可能也会用某些蛾子的幼虫或者某种叶蜂的幼虫来喂养幼鸟。这些食物在它们栖息的地区比较常见"。

成年夜莺的食物包括昆虫和它们的幼虫、浆果以及水果。

雌性和雄性夜莺的羽毛非常相似,基本情况如下:整个上体表为深棕色;尾部和尾羽为红棕色;喉部和腹部中央为灰白色;颈两侧、胸脯和两翼为灰色;鸟喙和腿部为浅棕色。

我们彩图中描绘的是一只成年雄性夜莺。

庭园林莺

英文名 | Garden Warbler　拉丁文名 Sylvia borin

庭园林莺

鸣禽／雀形目／莺科／林莺属

这种谦卑朴素的小鸟也是我们岛屿上的一种候鸟。每年的4月份，庭园林莺来到这里，用欢快的音符叫醒了沉睡的花园、小树林和灌木丛。它们的歌声是如此婉转动听，因此庭园林莺常常被拿来和夜莺以及黑顶鹦哥比较。

庭园林莺的生活习性羞怯、隐蔽，几乎不会让人类发现。因此它们的栖身之所常常难以被人们发现，除非它们张嘴鸣唱。

庭园林莺十分普遍地分布在我们的岛屿上，欧洲大陆南部所有气候温和地区都能见到它们的身影。它们刚刚来到我们的国度，就会立刻开始繁殖工作。巢穴一般建在荨麻或者其他植物中，一般用树根、青草、各种植物和苔藓编织而成；鸟卵通常有4枚，为黄灰色，有木棕色的斑块。这些斑块主要分布在卵较大的一端。

成年雌雄性庭园林莺的羽毛着色没有区别；但是幼鸟眼睛周围颜色更浅，整体羽毛颜色也更偏橄榄色。

成年庭园林莺的外形简单描述如下：上体表为灰色，有略微的橄榄色着色；喉部和下体表为灰白色；两翼以及胸脯略微有棕色的着色；鸟喙为棕色；腿部为棕灰色。

我们彩图中描绘的是一只雄性庭园林莺。

鹪鹩

英文名：Common Wren　拉丁文名：Troglodytes troglodytes

鹪鹩

鸣禽／雀形目／鹪鹩科／鹪鹩属

鹪鹩所在的属中包含的很多鸟类栖息在美洲大陆，但是这一种类却栖息在欧洲，甚至是更古老的亚洲和非洲大陆的唯一一种鹪鹩属的鸟类。鹪鹩在欧洲分布范围十分广，从北极圈附近的地区到欧洲最南方，都可以见到这种有趣的鸟类。在英国，鹪鹩也普遍地栖息在树篱和小树丛中，在人的住处周围游荡。鹪鹩似乎很乐意与人类相处，而且人类也不会去打扰它们。事实上，一旦人们开始了解这一物种，观察到了它们的生活习性和行为特点，人们就会十分关心鹪鹩的生存处境。鹪鹩会在最清冷的冬季一直唱着颤动的、活泼的高音歌曲；会如老鼠一般在我们最茂密的树丛和灌木丛中爬来爬去，搜寻着满地苔藓的河堤和小树下的土堆，寻找着腐殖土壤中的各种昆虫。这样的一幅景象看起来也是十分有趣的。

鹪鹩很少会做长距离的飞行，而总是在同一个地区出没。它们一年到头都与我们在一起，连最残酷的冬天也会勇敢地面对，安然无恙地度过。鹪鹩繁殖的时间较早，它们与人亲近的性格常常使它们乐意在人类建筑的工具间、凉亭、小亭子和相似的环境中筑巢；有时，鹪鹩也会选择在爬满常春藤的墙壁和茂密的山林灌木丛中筑巢。它们建造的巢穴巧夺天工，还有奇异的圆顶。苔藓、树叶或青草、甚至任何它们能弄的材料都会被用来筑巢。雌性鹪鹩一窝会产下7~8枚鸟卵，为纯白色，分布着很多红色的斑点，显得很漂亮。将要离巢的幼鸟十分羞怯，总是积极地将自己藏进草丛和茂密的灌木丛中。雌性和雄性鹪鹩外表没有差异，幼鸟很快就会长出成年鸟类的羽毛。

鹪鹩羽毛的底色为棕红色，在下体部位变浅变灰；整体羽毛上有漂亮的深棕色或黑色横斑；眼睛上方有狭窄的白色条纹。

我们彩图中绘制的是一只成年鹪鹩。

草地鹨

英文名 | Meadow Pipit   拉丁文名 | Anthus pratensis

草地鹨

鸣禽／雀形目／鹡鸰科／鹨属

草地鹨是同属鸟类中最小的一种，也是我们本土鸟类中最常见的一种。它们在不列颠群岛上属于候鸟，总是栖息在空旷开阔的环境中，比如荒原、公园和沼泽湿地。它们总是在地面上寻找食物，因此在一定的地区中，它们能获得的食物也是有限的。人们常常可以看见草地鹨在地上灵活地跑来跑去寻找着食物，即使在深冬也如春天和夏天一样活跃。要是受了惊吓，草地鹨会立刻扇动着翅膀飞起来，并且同时发出人们熟悉的尖利的叽喳鸣叫。在欧洲大陆上，草地鹨的分布十分广泛，尤其在荷兰和法国分布最多。在非洲北部也能见到草地鹨的小身影。亚洲的大部分地区也是如此。很多作者辩论说，雀百灵和过去一些作者认为的田云雀被混淆了；但是最近的观察完全证明了，所谓的雀百灵和田云雀都与我们的草地鹨完全是同一物种。这种错误的判断和归类起因于这种鸟类在一年当中不同季节羽毛的略微变化。

草地鹨一般的飞行活动都是短距离的、断断续续地飞起落下。但是在繁殖季节这一点却不相同。这时它们会猛烈快速地扇动翅膀，飞至相当高的天空中，然后开始高声歌唱，又张开着翅膀无声无息地或倾斜或垂直地降落到地面上，或者某棵小灌木树梢上。它们常常在植被下面的地面上筑巢，用干草和野草的茎编织起来，内衬铺着柔软的草或头发。鸟卵有4～5枚，颜色不同，但是一般都有浅棕色的着色和密集的棕紫红色斑点和小颗粒。与鹡鸰相似，它们奔跑起来很敏捷，以苍蝇、蠕虫和其他昆虫为食。草地鹨的巢穴常常是杜鹃鸟喜欢的产卵之地。

上体表为深橄榄绿色，每根羽毛的中央为棕黑色；下体表为黄白色，颈两侧以及胸脯部位有深棕色的斑点；两翼为白色，有椭圆形的深色条纹；尾羽为棕黑色，外侧羽毛的外羽片为白色，尖端羽毛为相同的暗色，第二只羽毛尖端有小的白色斑点；鸟喙和足部为棕色。

彩图中展示的是一只雄性和一只雌性草地鹨。

林鹨

英文名 | *Tree Pipit*　拉丁文名 | *Anthus trivialis*

林鹨

鸣禽／雀形目／鹡鸰科／鹨属

对于肤浅的观察者们来说，没有哪两种鸟类能比林鹨和草地鹨更加相似的了。但是若仔细观察，你就会发现它们的脚爪部位存在着十分显著和稳定的区别，这一点对它们各自的生活习性和行为特点都有深远的影响。草地鹨的后爪细长而且几乎是直的，但是林鹨的后爪短而且弯曲；因此，一种鸟儿常常出没于陆地上，而另一种则习惯在山林中栖息。这两种鸟类之间还存在着另一个区别，即：一种是我们岛屿上的留鸟，而另一种则是有规律的迁徙鸟类。

林鹨在我们的岛屿上只是一种夏候鸟。它们会在早春来到我们的土壤上，很快就加入歌唱家的队伍中，使这个季节变得更加让人愉快。它们常常栖在树篱之上的一棵小树上鸣唱，然后震颤着翅膀飞到半空中，接着又落回原来的枝头。与我们岛屿上众多的迁徙鸟类一样，林鹨的曲调也十分的有力量，而且常常一来到这里就开始了歌唱。这时候，雌鸟们往往还没有抵达我们的海岸，在求偶期间，歌唱自然更是少不了的了；繁殖育雏的工作开始后，歌声才相对减少，直到最后几乎不再歌唱。

它们的巢穴建在葱郁的植物或小灌木下，是用苔藓、根系纤维和枯萎的青草编织而成，内衬是柔和的干草和马鬃；鸟卵通常有四五枚，为灰白色，表面有密集的棕紫色斑点。

它们的食物包括苍蝇、小甲壳虫和其他昆虫，以及它们的幼虫。

雌性和雄性林鹨羽毛相似：上体表为橄榄绿色，头部羽毛和背部上部分中央为棕黑色；翅膀覆羽边缘为黄白色，在翅膀上形成双条纹；两颊和喉部为白色，在胸脯两侧变为浅黄色；胸脯上有椭圆形的棕色斑纹；两翼上有棕色的斑点；腹部中央一级下尾羽覆羽为灰白色；两只中央尾羽尖利，为橄榄棕色；外侧羽毛的外羽片以及大部分内羽片为白色；第二只羽毛的尖端也为白色；腿部和爪趾为黄棕色。

我们彩图中描绘的是一只成年雄性林鹨。

白鹡鸰

英文名 | White Wagtail　拉丁文名 | Motacilla alba

白鹡鸰

鸣禽／雀形目／鹡鸰科／鹡鸰属

真正的白鹡鸰是一种在法国和欧洲大陆的其他地区很常见的物种，但是它们从来没有到访过我们的岛屿，而且我们的这种鸟类也似乎从来没有在欧洲大陆的温带地区出现过。但是一些博物学家们认为这两种物种完全一致；如果这一点最终被证明是准确的，那么英国的物种就需要被定义起名。英吉利海峡似乎就是这些物种的分界线。黄头鹡鸰和黄鹡鸰也是同样的情况。

真正的白鹡鸰与我们的物种最大的不同在于羽毛：英国的物种背部为深黑色，十分显著，但是真正的白鹡鸰在任何时期都不会表现出这样的特征；至少在我们观察过的大批样本中，还没有哪一个阶段的样本能够展现出些微的相似性。

白鹡鸰常常栖息在草地上，尤其是溪流周围的地区。在村庄、城镇、钟楼、高塔等相似的环境中也常常可以见到白鹡鸰的身影。在非洲和印度的高原地区，白鹡鸰也是一个常见的物种。

它们的食物包括苍蝇、千足虫，以及各种其他的虫子，还有它们的幼虫。

白鹡鸰的巢穴一般建在便于搭建的地点。岩石裂缝中、桥拱下、高塔中以及腐烂树木的树洞中都会成为它们的筑巢地点；鸟卵通常有6枚，为蓝白色，有黑色的斑点。

在春天，白鹡鸰的前额、颈两侧以及两个外侧尾羽都为纯白色；后头部、颈背、喉部、胸脯部位、中尾羽以及上尾羽覆羽为黑色；背部以及身体两侧为纯灰色；翅膀覆羽为黑棕色，边缘为白色。

雌性白鹡鸰的白色部位没有那么明显，而且颈后部的黑色标志也相对更狭窄。

在冬天，喉部以及颈前部为纯白色；颈下部有一圈深黑色的羽毛；上体部分的全部灰色羽毛没有在夏天时候那么清晰。

我们彩图中展示的是一只成年雄性白鹡鸰。

普通火冠戴菊（上一）

英文名 | Common Firecrest/fire-crested wren　　拉丁文名 | Regulus ignicapilla

金冠戴菊（下二三）

英文名 | Golden-crowned Kinglet　　拉丁文名 | Regulus satrapa

普通火冠戴菊

鸣禽／雀形目／戴菊科／戴菊属

这种美丽的小鸟所在的属鸟类特征十分鲜明，首先，它们的体型娇小；其次，头冠部有富丽的金色羽毛；第三，它们的鼻孔上有细小的梳齿状羽毛。尽管它们的身材十分娇小，但是它们却是一个胆大、活跃、坚强、生机勃勃的家族；即使在北部气候严峻的国家，它们也依旧兴高采烈地对抗着最残忍的严冬。它们的生活习性、食物、筑巢方式和鸟卵的颜色都与山雀相近，但是它们的鸣声更加柔弱婉转，鸟喙也相对弱一些，这些又将它们与莺的家族之间的距离拉近了。但是它们身上拥有的这两个家族的性格让我们无法确信，到底普通火冠戴菊更属于前一个家族还是后一个家族。这一点我们还是让读者自己来下判断；尽管对于我们自己来说，我们更倾向于认为它们与山雀家族的亲缘性建立在更扎实的基础之上。

然而，我不得不注意到，当前这一家族的一个新物种也应该被包含进英国的动物群中，尽管长期以来人们都认为它是欧洲大陆的一个物种——普通金冠戴菊。我们之所以要将这一物种列入英国鸟类名单中，不是基于我们自己的观察，而是基于尊敬的杰宁斯先生的观察。他是剑桥郡人士，也是一位热心认真的自然观察者。这位先生在自己家附近意外射杀了一只样本。他在1832年8月的第十届伦敦动物学会的科学和通讯委员会会议上展示了这只最近的样本。

直到最近这一物种一直被人无视，这种疏忽应该是它们与普通物种十分相似的外形造成的；我们因此在同一彩图中绘制出了这两个物种，希望这样做它们的差异可以显得更清晰。火冠戴菊的真正栖息地似乎局限在欧洲南部，在法国、比利时和东部各省数量最为丰富。它们的生活习性、行为特点、食物以及筑巢方式都与金冠戴菊十分相似。只有羽毛部分在以下几点有差异：它们的羽冠火红；颈两侧以及背上部金色的光泽更明显；脸两侧、眼睛上部和下部有黑白相间的条纹；下体表面灰色更明显；体型相同或相近。

金冠戴菊

鸣禽／雀形目／戴菊科／戴菊属

金冠戴菊是最小的欧洲鸟类，广泛地分布在从北极圈到南方炎热地带之间的地区；在不列颠群岛上，金冠戴菊也分布在每一个地区，栖息在山林、小灌木林和树篱中，但是冷杉和橡树林才是它们最喜欢的栖息地。在那些地区，它们常常和山雀家族的一些物种共同栖息，尤其是蓝山雀和煤山雀。它们常常和这些鸟儿一起在高大树木的树冠中穿行，灵敏自在地抓着树干的下表面，好奇地搜寻着每一个裂缝，试图寻找昆虫和它们的幼虫。而这些与娇嫩的花芽和小植物种子构成了它们的食物。我们观察到这一物种与长尾山雀(有时两者一起)都有在较大区域的地区上飞行的习惯。这一习惯有一定的规律性，或许也遵循一定的自然规则。在一定的时间里，它们又会飞回同一个地点，就像花了一天的时间做一个几英里的巡回似的。它们寻常的鸣叫声不断被重复，似乎有意地引领家族成员。这一鸣叫声柔弱但是尖利，与旋木雀的鸣声十分相似，以至于有时十分难以辨别。然而它们在繁殖期发出的声音十分哀伤、甜美又婉转。它们会建起一个漂亮的圆形小巢穴，使用到的材料包括苔藓和地衣。内衬是温暖的羽毛。这些巢穴通常十分巧妙地悬垂在冷杉树干下面，常常还在树梢附近。它们隐藏在最茂密的树叶中间，会产下7～10枚很小的卵，卵表面为黄白色。

雄性金冠戴菊上体表的羽毛是一抹统一的橄榄绿，主翼羽和尾羽为棕色；副翼羽有黑白色的条纹；头部有漂亮的丝质金色羽冠，外侧边缘为黑色，羽冠可以随意地竖起或垂下；眼睛和鸟喙中间的部位为白色，而火冠戴菊的相同部位为黑色；整个下体表为灰色，有深深浅浅的橄榄色着色；鸟喙为黑色；跗骨为黄绿色。

我们彩图中描绘的是一只雄性和一只雌性金冠戴菊，以及一只雄性火冠戴菊。后者雌雄个体之间没有明显可区分的特征。

BIRDS OF EUROPE
VOLUME III
INSESSORES (II)

卷 三

栖鸟类(II)

大山雀

英文名 | *Great Tit*　拉丁文名 | *Parus major*

大山雀

鸣禽／雀形目／山雀科／山雀属

大山雀，雀如其名，在本地的同一属鸟类中的确是个头最大，也是最典型的一种鸟类；除此之外，大山雀当然也还是最美丽的一种鸟类。大山雀的羽毛颜色鲜艳纯正而且对比十分鲜明。大山雀的生活习性、行为特点以及常常出现的地区都与它的近亲们十分相似。大山雀几乎栖息在欧洲的全部山林地区，而且在大部分地区都是一种留鸟。在不列颠群岛上，大山雀自然也是一种留鸟。在严寒的冬季，大山雀常常离开树篱和田野，而飞去温暖的灌木丛、小矮林以及花园中。有时，它们也会飞去农庄的院子中，在那里它们会大胆地搜寻食物。大山雀的夏季食物包括昆虫和它们的幼虫，以及树木嫩芽和果实；除此之外，它们还会从农舍中盗来任何动物性的或植物性的食物，大山雀对各种食物的消化能力都非常强。

在春天即将到来的时候，大山雀会变得十分吵闹和躁动不安，会飞去高大树木的最高枝头。在隐蔽的树冠上，它们会发出十分沙哑的鸣叫声；大山雀的鸣叫声与拉锯子的声音和铰链生了锈的门发出的吱呀声很相似。

大山雀会在腐朽的树洞和墙壁的裂缝中筑巢。乌鸦废弃的巢穴常常也会被大山雀借来使用。巢穴中铺着乌鸦的绒毛和羽毛，雌鸟会在其中产下卵，通常一窝有8~15枚。卵为白色，有红棕色的斑点。

雌性和雄性大山雀的羽毛只有很细微的差异。这表现在雌鸟的羽毛光泽没有雄鸟的更绚丽。

头部、喉部和颈下部为亮黑色；后头部为白色；背部为橄榄绿色；尾部为灰色；下体表为亮黄色，中央有黑色的条纹；附骨为蓝灰色；鸟喙为黑色。

我们彩图中展示的是雄性和雌性大山雀。

暗山雀（下） 西伯利亚山雀（上）

英文名 | *Sombre Tit* 　拉丁文名 | *Poecila lugubris* 　　　　　　英文名 | *Siberian Tit* 　拉丁文名 | *Poecila cinctus*

暗山雀

鸣禽／雀形目／山雀科／高山山雀属

　　我们在彩图中描绘出了两只外形和颜色以及栖息地都十分相似的山雀。这两种鸟类都不会出现在不列颠群岛，甚至连欧洲大陆上气候更温和的一些地区也不是它们的自然栖息地。第一种山雀叫作暗山雀，人们总是能很容易将这一物种与我们著名的大山雀区分开。因为暗山雀的体型要比大山雀的体型大一些；然而，暗山雀的羽毛却要比大山雀的羽毛暗淡得多，也没有像大山雀标志性的黑、白、黄三色羽毛的鲜明对比。

　　特明克先生告诉我们暗山雀的栖息地几乎完全分布在与亚洲接壤的欧洲边界地区。尽管暗山雀在达尔马提亚地区分布十分普遍，但是人们在奥地利和德国的任何地区都还没有观察到过这种鸟儿的踪影。我们认为这种山雀无论是行为特点、生活习性还是食物方面都与它们在英国的近亲很相似。但是我们自己并没有更多关于暗山雀的信息，我们能够联系到的其他任何作家们也不能补充更多关于它们的知识。

　　雄性和雌性暗山雀的羽毛很相似，可以描述如下：整个上体表为棕灰色，在头冠部颜色加深；副翼羽和尾羽边缘略微为白色；喉部为棕黑色；两颊和整个下体表为白色，略微有棕灰色的着色；鸟喙和足部为铅色。

西伯利亚山雀

鸣禽 / 雀形目 / 山雀科 / 高山山雀属

　　尽管西伯利亚山雀并没有迷人的外表，但是它们的身体结构和形状比暗山雀还要优雅得多。从尺寸上说，西伯利亚山雀的个头要小很多，同时却也有着更长的尾羽。而且西伯利亚山雀的尾羽是次第渐长的。这一点证明西伯利亚山雀可能在某种程度上与长尾山雀有着一定的亲缘关系，尽管这一程度可能很小。而我们知道长尾山雀在整个欧洲的分布都很普遍；但是西伯利亚山雀则极为罕见，至少在欧洲是这样。这样的事实阻碍了我们对它们的生活习性以及行为特点有更多的了解，因此我们也不能判断西伯利亚山雀是否与长尾山雀的特点相似。特明克先生在他的手册中告诉我们，西伯利亚山雀栖息在欧洲和亚洲最北方地区，冬天会迁徙到俄国的一些省区；我们彩图中的鸟儿样本是参考一只从瑞典寄过来的西伯利亚山雀样本绘画的。

　　西伯利亚山雀的羽毛详细情况如下：上体表为深灰色，背部有棕色的着色；飞羽、副翼羽和尾羽边缘为白色；喉部为黑色；两颊和胸脯上部分为纯白色；下体表为灰白色，侧腹为红褐色；鸟喙和跗骨为铅色。

　　我们彩图中展示的是两只这种珍稀的物种。

文须雀

英文名 Bearded Reedling / Tit   拉丁文名 Panurus biarmicus

文须雀

鸣禽／雀形目／文须雀科／文须雀属

利奇先生认为应该将这一种十分有趣又很优雅的鸟类从山雀属中分离出去，因为文须雀有着几点明显的小特征与山雀属的鸟类不同。文须雀栖息和筑巢的环境尤其与山雀属鸟类的习惯不同。它们在潮湿的沼泽地上或者近地面的草丛上筑起巢穴。它们的食物也与山雀属鸟类不同。文须雀的食物包括芦苇的种子、水生昆虫以及小型蜗牛。文须雀体内有一个肌肉强有力的砂囊，用它可以轻松地磨碎这些食物。文须雀栖息在英国，以及欧洲大陆上所有气候温和的地区，在荷兰、法国以及德国地势低的沼泽地区文须雀更加常见，数量也尤其丰富。文须雀的性情十分羞怯、胆小，总是栖息在十分隐蔽的地带；因此直到最近博物学家们才有机会靠近它们的栖息地，对它们独特的生活习性有了较为详细的了解。

我们还应该感谢霍伊先生。他是一位殷勤有智慧的自然观察者。他对文须雀的描述是目前人们拥有的出版物中关于文须雀最好的描写。我们从《自然史》杂志的第三卷328页中摘录了以下内容。

霍伊先生说："诺福克的大片淡水水域边缘地区被叫作宽阔河段。尤其是希克林宽阔河段以及荷西宽阔河段是这种鸟儿最喜爱的栖息地。事实上在这一地区，凡是有沼泽地和任何规模的芦苇丛的地方都能很容易地见到文须雀。在秋季和冬季，它们则分成小群，分散在整片萨福克海岸上。只要有大片芦苇丛的地方一般就能看到它们的小身影。我曾经发现在繁殖季节中，文须雀在亨廷顿郡附近的惠特尔西边缘数量十分丰富。它们在林肯郡的沼泽湿地上也不能算是不常见。文须雀是否会栖息在更北方的地区我还没有办法确定，但是人们似乎在亨伯河的北部注意到过这种鸟类。在4月末，文须雀开始筑巢工作。它们的巢穴外层是枯萎的芦苇和莎草叶，混杂着少量的青草。巢穴内衬一成不变，总是芦苇最上面柔软的部分。铺衬的方式与芦鹀鸻搭建巢穴的方法相似。但是文须雀的巢穴内部并没有那么紧凑。巢穴一般放置在沼泽地中的堤坝边缘上接近地面的一丛粗糙的杂草或灯芯草中。有时巢穴也会被固定在破碎的芦苇中，但是从来不会悬在草茎上。鸟卵有4～6枚，极少数时候会有7枚。鸟卵为纯白色，整个表面散布着很小的紫红色斑点，混杂着少数很小的暗淡条纹和同颜色的标志。文须雀的卵和大山雀的卵相似，但是形状要更加圆润、更加短。冬季的时候，它们的食物主要包括芦苇的种子。在这样的时候，文须雀会专心致志地寻找这样的食物。我甚至用一根绑在钓鱼竿末端的粘鸟胶就捉到了这样的鸟儿。当受到了任何突然的噪声惊吓，或者有鹰隼从它们的身边飞过时，文须雀就会发出尖锐的音乐般的音符，并躲进茂密的芦苇丛底部。不过它们很快就会悄悄地返回原地，并且灵敏地爬上垂直的芦苇茎子。它们进食的方式与银喉长尾山雀相似，常常会头朝下悬着，偶尔也会做出最美丽的姿势。它们的食物不完全是芦苇种子，昆虫和它们的幼虫以及各种小蜗牛都能成为它们的食物。我曾经有机会观察到文须雀在茂密的芦苇丛中寻找昆虫的行为。当一阵微风搅动芦苇丛的时候，我可以走到距离它们很近的地方而不被注意到。文须雀的行为很隐蔽，要不是它们会时不时地发出唧啾声，暴露了它们的位置，人们就很难发现它们。据说雌鸟和雄鸟在冬天是分开的；但是我总会观察到雌鸟和雄鸟结伴觅食。它们看起来会一同栖息，直到第二年求偶时期才会分开。这一点和银喉长尾山雀相同。不同的是，你会时常注意到它们大群地聚集在一起，尤其是在10月份。因为这时候它们要开始越冬之旅，离开它们的繁殖地了。"

除了这篇有意思的记述，我们还能补充一点。那就是我们可以时常在泰晤士河的岸边见到文须雀的小身影。从肯特的艾利斯到牛津，泰晤士河的沿河岸边茂密的芦苇丛都是它们喜爱的栖身之地。但是它们来访这些地方的时间是不固定的，我们很难确定会在一年中的哪些日子里见到它们。

雄性文须雀的身体总长度在15厘米左右；雌性文须雀个头比雄鸟要小一些，外表为统一的铁锈色，颈上部和背部有一些黑色的斑纹，胡须为浅黄白色，而不是黑色。

我们彩图中展示的是一只雌性和一只雄性文须雀。

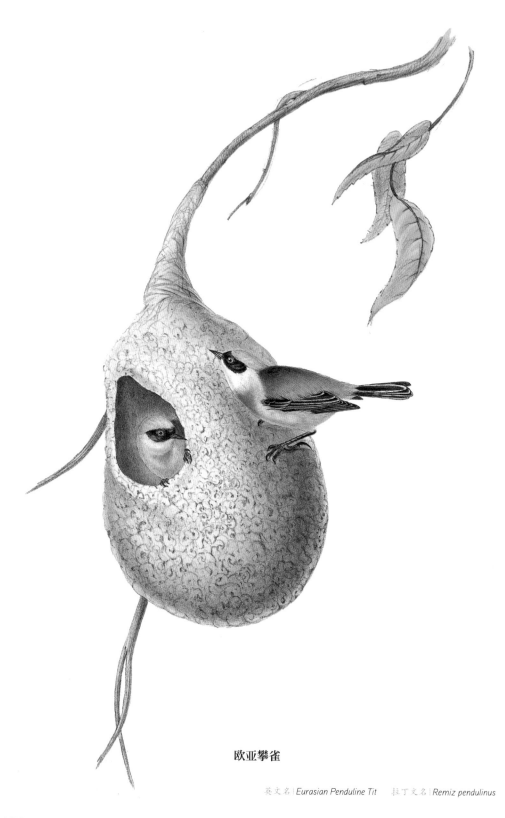

欧亚攀雀

英文名 | *Eurasian Penduline Tit*　拉丁文名 | *Remiz pendulinus*

欧亚攀雀

鸣禽／雀形目／攀雀科／攀雀属

我们十分赞同博杰先生的观点。他认为这种优雅美丽的小鸟拥有十分鲜明的特征，应该被划分为单独的一属。欧亚攀雀与山雀属鸟类在细节上有几个明显的不同。它们的生活习性、行为特点以及常常出没的环境则与文须雀有很大的相似之处；但是欧亚攀雀鸟喙和尾羽的形状以及繁殖方式都不仅与文须雀不同，而且也与整个家族的其他物种不同。对于这种鸟类来说，无论是它们优雅的悬挂巢穴，还是它们朴素的羽毛和活力十足的外形，都极大地吸引了人们的注意力：然而欧亚攀雀却不是我们岛屿上的一种本地鸟类，而主要在欧洲南部和东部栖息。在意大利和法国南部欧亚攀雀的数量尤其丰富，同样在俄国的一些地区、波兰和匈牙利，欧亚攀雀的身影也十分常见。在这些地区，欧亚攀雀几乎在每一片河流和内陆淡水区域的边缘出没，水边的柳树、芦苇和繁茂的植被成了它们最好的栖身之所。据说欧亚攀雀的食物和文须雀的食物类似，主要包括植物种子和水生昆虫以及小软体动物。

尽管山雀因为它们的美貌和精妙的巢穴结构而闻名遐迩，但是没有哪一个物种能比当前这一物种更加出类拔萃的了。欧亚攀雀的巢穴是用柳树或白杨树柔软的棉絮建造而成的；这种棉絮和棉绒十分相像。它们编织巢穴的技巧也十分令人钦佩。欧亚攀雀的巢穴是长颈瓶形状的，侧面有一个开口通向巢穴内部。这样的巢穴通常被悬垂在柳树或其他相似树木垂下的枝条末端，而且整个巢穴往往悬垂于水面上。鸟卵一般有6枚，为纯白色，有一些红色的斑块。

成年雌性和雄性欧亚攀雀的外形几乎没有差别，只是两者的羽毛颜色有一点点不同。雌鸟羽毛上的斑块更加模糊暗淡，尤其是脸盘上的黑色条纹，而幼鸟除了其他部位颜色更浅之外，也完全没有黑色的羽毛条纹。

我们彩图中展示的是一对这样的鸟儿，以及它们的巢穴。

黑百灵

英文名 | Black Lark　拉丁文名 | Melanocorypha yeltoniensis

黑百灵

鸣禽／雀形目／百灵科／百灵属

　　黑百灵是旧大陆上北方高海拔地区的一种鸟类。它们的栖息地分布十分广。我们有理由相信黑百灵的栖息地包括整个西伯利亚地区、俄国北部、拉普兰等。从这些地区，它们周期性地迁徙到更温暖的地区去。特明克先生说，黑百灵在秋天的时候会分散到位于欧洲部分的俄国各省区。在这里它们会分成小群共同栖息。因此我们有必要认为黑百灵是一种欧洲鸟类。与雪鹀和铁爪鹀相似，黑百灵在不同的季节中也会换上颜色不同的羽毛。在严寒的冬季，黑百灵的羽毛异常得浓密保暖；羽毛长，有一圈浅茶灰色的条纹，羽毛稠密，掩盖住了每根羽毛基部的黑色。在夏天临近的时候，黑百灵羽毛中浅色的部分开始发生分解，在盛夏之时，黑百灵的浑身羽毛就会变得漆黑。这样一身装扮会一直延续到秋天。经过再一次换羽，这些鸟儿又会重新换回冬天的羽毛。我们彩图中下半部分的鸟儿是冬季时候的黑百灵，而上部分展示的鸟儿羽毛则是将近盛夏时候的装扮。这时候黑百灵的大部分羽毛还保留着冬季羽毛的色泽。

　　黑百灵在欧洲的鸟类收藏中十分稀有；除了我们收到的来自巴黎的样本，我们还不知道英国有第二只黑百灵的样本。

　　雌性和雄性黑百灵外形之间的唯一差别在于雌鸟的羽毛光泽要暗淡一些，而且体型也要比她的同伴小一些。

　　我们在仔细地观察黑百灵和草原百灵的时候，总是能够不自觉地注意到这两种鸟类拥有一些鲜明的特征，完全可以成为单独的新一属。

　　阅读完上述的描写后，我们相信读者们不需要我们再次描述黑百灵的羽毛了；只有简单几点需要我们交代：鸟喙基部为淡黄色，尖端为黑色；足部和腿部为黑色。

草原百灵

英文名 | *Calandra Lark*   拉丁文名 | *Melanocorypha calandra*

草原百灵

鸣禽／雀形目／百灵科／百灵属

这种鸟儿的整体结构、强壮的身体以及强有力的鸟喙都与黑百灵十分相似；然而，这两种鸟类栖息的国家却几乎完全不同。黑百灵的栖息地主要在北方的高海拔地区，而草原百灵的栖息地则几乎延伸到了热带。在非洲北部，草原百灵的数量尤其丰富，而在西班牙、土耳其、意大利和法国南部草原百灵也比较常见。但是在这些国家的北部地区，草原百灵就变得极为罕见了。关于草原百灵的生活习性和行为特点，我们则几乎没有什么可以交流的。不过我们认为这种鸟类与普通的云雀有着惊人的相似之处。

草原百灵在草本植物中间筑巢，会产下5～6枚卵。卵为透明的紫色，有较大的黑色斑点。

草原百灵的食物包括昆虫、植物种子等。

雌性和雄性草原百灵有以下两点差异：第一，雌鸟要比雄鸟的个头小很多；第二，雌鸟颈部两侧的黑色羽毛更加不明显。

如图中所示，幼鸟会展示出本属鸟类的常见特征，而且每根羽毛的尖端都为黄灰色。

上体表为沙灰色，每根羽毛中央为深棕色；飞羽为深棕色，边缘为白色；喉部为白色，边缘有黑色的小半月型条纹，在这些羽毛之下为灰白色，相间为黑色；腹部为白色；侧腹和大腿为棕色；两侧尾羽的外羽片为白色，尖端为白色，第三支羽毛边缘为灰色，尖端为白色；第四支羽毛尖端为灰色，其他尾羽为黑色；鸟喙为暗淡的角色；腿部为淡灰色。

我们彩图中展示的是一只成年的雄性草原百灵，和一只当年的幼鸟。

角百灵

英文名 | *Shore/Horned Lark*　拉丁文名 | *Eremophila alpestris*

角百灵

鸣禽 / 雀形目 / 百灵科 / 角百灵属

这种美丽非凡的百灵鸟最近曾在英国出现过，我们的一些博物馆以及私人收藏可以大肆夸耀自己拥有在我们本土上获得的角百灵了。然而，严格地说，角百灵可以被看作是一种北方的物种，因为角百灵栖息在北方高纬度的欧洲地区、亚洲和美洲。角百灵在德国似乎是一种旅鸟，而且从来不会飞去大陆南方的各省。北极圈中的地区似乎是它们的自然栖息地；它们会在北美洲皮毛之国的东部地区的潮湿山林地带筑巢并抚育幼鸟。理查森博士引用了哈钦斯先生的发现并表述道，角百灵的巢穴建在地面上，通常会产4~5枚白色的卵，卵上面有黑色的斑点。在冬天将要降临的时候，它们会飞去南方。在美国，整个冬天角百灵都很常见。

角百灵常常出现在靠近海岸边的荒芜贫瘠的地区。它们十分喜欢这样的环境。角百灵更多还会栖息在草木稀少的沙质高地上。但是它们从来不会栖上枝头，而是从低矮的灌木丛中获取植物种子、嫩芽和花苞。这些是它们赖以为生的食物。

这种美丽的鸟儿雌雄个体的羽毛色泽有很大的差异。雄性角百灵的整个上体表为葡萄灰色，每根羽毛中央都呈现棕色的光泽；前额为黄色，眼睛上部有一条细长的条纹；在黄色的前额上方有一条宽阔的黑色斑纹，至两只眼睛上方有一簇细长的黑色羽毛，就像某些鸥鸦科的鸟类头部的羽饰一样，可以随意地竖起或者垂下；从鸟喙基部开始，至脸颊部位有一条黑色的斑纹；喉部和颈两侧为黄色，有黑色的颈部斑纹；两侧为葡萄灰色，在身体下表面渐变为白色；两根中央尾羽为棕色，其他部分为黑色，最外层的边缘为白色；鸟喙为棕色；跗骨为黑色。

雌性角百灵的头部和羽饰上的黑色条纹不很明晰，黄色部分有限，而且色泽暗淡，颈部斑纹小，这一点和幼鸟的情况相同。

我们彩图中描绘的是一对雌性和雄性角百灵。

云雀

英文名 | *Eurasian Skylark*   拉丁文名 | *Alauda arvensis*

云雀

鸣禽／雀形目／百灵科／云雀属

这种著名的鸟类不仅在我们的岛屿上分布广泛，而且也普遍地栖息在欧洲大陆上的大部分地区以及临近的亚洲和非洲地区。云雀婉转多变的迷人歌声我们都十分地熟悉。在春天和夏天，云雀只是成双成对地栖息在一起，但是在冬天的时候，它们就大批群居了。在秋末的时候，它们就会开始聚集成群。除此之外，还有来自北方的更多的迁徙鸟加入它们的队伍。如果当年的冬天出人意料地寒冷，云雀们就会集体向欧洲和非洲的温暖地区迁徙。

云雀在早春就会开始求偶活动。在整个筑巢活动期间，雄性云雀的歌声似乎是从九霄云外发出，听起来格外的优雅和婉转；要是有幸能听到几只云雀在同时歌唱，那么它们合奏的音乐还要更加悦耳悠扬。它们真诚地呼唤春天的回归，它们的歌声就像最由衷开心的欢迎乐曲。当雄鸟们在云霄间动情地献唱时，它们的配偶们或是正在准备巢穴，或是在认真地聆听它们的溢美之词。在这个季节的前一阶段，当求偶活动刚开始进行的时候，人们可以看到雄鸟之间相互追逐着，暴露出了它们性情中十分好斗的一面。一旦幼鸟孵化出壳，亲鸟们就会把绝大部分的精力投入到照顾幼鸟中去。在雌鸟和雄鸟都专心忙碌着喂养它们的幼鸟时，人们自然就很难再听见雄鸟的歌声了。而且亲鸟们的所有活动也变得远没有那么活泼和生机勃勃了。

云雀的飞行活动十分有力量。这种鸟类既能够迅速地飞行，又能够在空中任何高度上长时间的悬停；当它们悬停在半空中时，常常会一边唱着歌儿，一边奇异地振动着翅膀。

云雀的主要食物包括谷物、三叶草和昆虫。

雌鸟和雄鸟的羽毛之间唯一的差异就在于雌鸟的羽毛更暗淡一些，而且羽饰要短一些；除此之外，或许雌鸟的体长要短一些，后趾也要短一些。

我们彩图中描绘的是一只成年的雄性云雀和一只幼鸟。

铁爪鹀

英文名 | *Lapland Longspur*　拉丁文名 | *Calcarius lapponicus*

铁爪鹀

鸣禽／雀形目／铁爪鹀科／铁爪鹀属

关于这种罕见鸟儿的羽毛变化和历史情况我们还知之甚少，因此我们也没有足够的证据证明在我们彩图中上面的这只雄性鸟儿的一身夏季三色羽毛是否会在冬季发生改变。而这种变化是像雪鹀一样，换成一身整齐朴素的羽毛还是像一些典型的鹀属鸟类那样常年保持这样一身对比鲜明的羽毛，我们目前也只能猜测。

我们有这样的观察是因为过去常常有一些铁爪鹀的样本在英国被捕杀，而这些样本几乎无一例外都完全与我们彩图中下面的这只鸟儿的模样一致。经过解剖发现，这些样本中的一些鸟类为雄性，而且多半是不成熟的幼鸟。根据一般规律，相比成熟的铁爪鹀，幼年鸟类在迁徙过程中分布更广、更不规则。

铁爪鹀在夏季筑巢繁殖哺育后代。而此时它们的栖息地主要在北极圈以内。当冬天到来的时候，铁爪鹀就会从北极地区逐渐向南迁徙。在欧洲地区大约会迁徙到瑞士，而在美洲地区则会迁徙到美国的北部地区。在那里铁爪鹀的数量相当多。理查森博士在靠近美洲大陆的北极地区观察过铁爪鹀。据他所说，铁爪鹀的巢穴一般建在苔藓和灌木丛中的小土丘上。巢穴外层很厚实，由干草茎编织而成，内层整洁结实地铺设着鹿毛。鸟卵一般为浅赭黄色，有棕色的斑点。

铁爪鹀的生活习性和行为特点与雪鹀十分相似。有时人们也会发现铁爪鹀和雪鹀有一些关联。值得一提的是，在英国捕杀的铁爪鹀样本与大批其他的云雀在一起。这些鸟儿都在伦敦和其他较大城镇市场上等待出售。这样的情况都指出铁爪鹀几乎完全是陆栖的。铁爪鹀的食物包括谷物、各种高山植物的种子，或许还有昆虫。

彩图中展示的是一只成年的雄性铁爪鹀和一只当年的幼鸟。

雪鹀

英文名 | *Snow Bunting*   拉丁文名 | *Plectrophenax nivalis*

雪鹀

鸣禽／雀形目／鹀科／雪鹀属

雪鹀在欧洲所有气候温和的国家都完全是一种候鸟。它们在冬季开始的时候，来到欧洲这些地方，让荒凉的山林和贫瘠的海岸充满了生气。在一年当中的这个季节里，原来漫山遍野的其他鸟儿早已经受到本能的驱使飞去南方更温和的地区了。这种羽毛整洁朴素的鸟儿夏季的栖息地根据观察在北半球的欧洲和美洲。在这些地区雪鹀的分布不仅十分普遍，而且数量也十分丰富。据多次到访北美洲的旅行者们的记录，在最冷清的荒野中到处活跃着这些雪鹀。理查森博士告诉我们说，位于北纬62°的南安普顿岛(里昂船长就是在这里观察到了这一物种)是人们发现的最南端的雪鹀栖息繁殖地。一旦繁殖工作完成，雪鹀就会开始向更温暖的地区迁徙。不过，据上面提到的旅行者们说，雪鹀不会着急南下。雪鹀有十分卓越的飞行能力，这是众多的其他小型鸟类都比不上的。雪鹀更喜欢在海边的浅滩和其他裸露的地方徘徊，以各种野草的种子为食。它们会停停歇歇地做一些短途的旅行，直到更寒冷的季节来到，雪鹀才会加快它们迁徙的步伐。事实上，雪鹀是否会到访我们的岛屿还要看它们在北方的栖息地的冬季是否寒冷。设得兰群岛和奥克尼群岛是它们的第一个歇脚栖息地。在这里做短暂的休息之后，它们会飞去苏格兰的高原地区，接着是切维厄特丘陵，最后才会广泛地分布到不列颠群岛南部的荒原上。

塞尔比先生告诉我们："雪鹀会在10月下旬来到这里，通常会是大批雪鹀一同到达。这群雪鹀中主要包括当年的幼鸟和少数的成年鸟类。在这之后，如果气候变的严峻起来，小规模雪鹀群就会到来。这群雪鹀中主要包括成年的雄鸟，身上的羽毛换成了冬季的羽毛。"在大陆上，雪鹀每年会到访德国北部、法国以及荷兰。据特明克先生说，在荷兰雪鹀的数量非常丰富，尤其是在沿海一带。这一点在我们的岛屿上也是如此。大片平坦的沙质海滩是它们特别钟爱的休息地。在春天再一次回归的时候，它们就会又一次从这些地方起身飞去纬度更高的北方，也就是它们的来处。

雪鹀的羽毛颜色变化较多，雌鸟和雄鸟羽毛颜色有别，随着季节和鸟儿年龄的变化，雪鹀的羽毛颜色也会发生变化。彩图中下半部分的鸟儿羽毛颜色更加清晰，对比更加鲜明。但是这样的羽毛只有当鸟儿成熟以后才会获得，而且只有在夏季才能被观察到。在这一段时间里，雄鸟和雌鸟比我们彩图中描绘的鸟儿的差异更小，彩图中上半部分的鸟儿是一只羽翼未成熟的幼鸟，它们的模样和大部分到访英国的鸟类相同。在这样的时候，这种鸟儿被叫作茶色鹀。很多作者认为这时候的茶色鹀是一种独立的物种。从它们细长的后爪我们可以推断出，这种鸟类的生活习性决定它们常常栖息在多岩石的干旱地区。在这些地方，它们行走跑动十分灵活，人们几乎从来没有注意到过这种鸟类在树上栖息过。它们的鸟喙上没有上颚结，这样的特征也将它们与其他的鹀属鸟类区分开了。

这一物种喜欢的筑巢环境是高山间的岩石，有时也会选择在大岩石之间的平坦海滩上。雪鹀的巢穴是用干草整洁地编织起来的，内衬为各种毛发羽毛。鸟卵每窝有6~7枚，为淡肉色，散布着极小的斑点，大的一端有一些红棕色的斑块。它们的食物包括高山植物的种子以及各种昆虫的幼虫。

夏季的成年雄性雪鹀头部、颈部以及身体下表面、外侧尾羽和翅膀中央为纯白色；剩下的羽毛、足部以及鸟喙为黑色；虹膜为深棕色。相同季节的雌鸟只有后头部位、胸脯两侧、一部分颈部和胸脯为红褐色，其他部位的羽毛为不十分纯正的黑色。当年的雄鸟、雌鸟以及冬季的成年鸟类羽毛方面几乎没有差别。彩图上部分的鸟儿代表的是这一阶段的鸟儿，羽毛特征可做如下描述：头冠部、胸脯两侧、肩胛边缘、背部以及尾羽为棕红色；喉部、胸脯、4根外侧尾羽、下体表和翅膀中央为纯白色；每根背部羽毛中央为棕色；飞羽和中央尾羽也为相同的颜色，鸟喙为红棕色；虹膜为深棕色；腿部为黑色。

家麻雀（下二）　　　　　　　　　　　　　　　　　　树麻雀（上一）

英文名 | Eurasian Tree Sparrow　　拉丁文名 | Passer montanus　　　　英文名 | House Sparrow　　拉丁文名 | Passer domesticus

家麻雀

鸣禽／雀形目／雀科／雀属

　　欧洲本土栖息着与家麻雀同属的四种鸟类，其中家麻雀的分布最广，人们最普遍了解的也要数家麻雀。我们都十分熟悉这种小鸟，因此完全没有必要详细讲述它们的来历。我们得知，意大利麻雀和黑胸麻雀分别在意大利和西班牙分布更广。但是除此之外，在整个中欧地区，家麻雀的分布毫无疑问是最普遍的。在北非和印度的丘陵山区，家麻雀也属于十分常见的物种。在英国，家麻雀是一种留鸟。在秋冬季节，它们会大批聚集，成群结队地栖息在一起，但是在夏天，家麻雀更多地会成双成对或小群地觅食玩耍。

　　家麻雀对环境的适应性很强，无论是枝丫间、树洞中还是屋檐下都会成为它们的筑巢地。除此之外，家麻雀还常常会侵占白腹毛脚燕的巢穴；但是毫无例外，家麻雀总是会将自己的巢穴建在人类的住宅附近。家麻雀十分愿意亲近人类，因此无论是在大城市的高楼大厦间还是在小村庄的篱笆墙里墙外，人们都能时常看到家麻雀的小身影。家麻雀建在树枝间的巢穴一般是半球形的，用稻草、青草和任何它们旁边能得到的材料胡乱地搭在一起，不过巢穴的内巢一般都铺垫着羽毛：鸟卵通常有5～6枚，为灰白色，有棕色的斑点。在一年当中的大半年时间里，家麻雀的食物主要包括植物种子和各种谷物。但是在夏季，它们的主要食物则是各种昆虫和它们的幼虫，当然家麻雀用来喂养幼鸟的食物也是各种昆虫和它们的幼虫。在很多农业地区，人们认为家麻雀会毁坏农作物，因此大量的家麻雀被消灭掉了。但是我们怀疑这样的做法是否是正确的，因为我们清楚家麻雀对各种害虫造成的致命打击。而各种害虫才是农民们的敌人。因此我们或许能说家麻雀对农民的害处可能与它们的益处相抵了。我们倾向于认为人们应该将注意力放在保护农作物上，甚至可以牺牲一部分农作物而不是将全部的精力用于消灭家麻雀上，毕竟大自然在生物链中安排了家麻雀的位置，这是合理而且智慧的。

　　雄性家麻雀自身的羽毛真的很漂亮，只是我们的城市和大城镇制造了太多的烟雾和灰尘，它们都像是给家麻雀穿了一身肮脏暗淡的旧衣。它们的头冠部是蓝灰色，颈后部和眼睛周围的条纹为深栗色；脸颊和颈两侧为灰白色；喉部和胸部为黑色；上体表为深棕色，有黑色的条纹；肩胛部位有一条白色的斑纹；下体表为灰白色；足部和鸟喙在夏季为黑色，在冬季为棕色。

雌性家麻雀的上体表为淡棕色；下体表为灰棕色；足部和鸟喙终年都为棕色。

树麻雀

鸣禽／雀形目／雀科／雀属

家麻雀喜欢栖息在我们城镇的街道上。与家麻雀不同，树麻雀更喜欢空旷的乡野间。每一片田野和树林都不仅为它们提供了栖身之所，而且为它们提供了丰富的食物。在不列颠群岛，树麻雀的栖息地也仅仅分布在有限的地区，在某些地区树麻雀十分罕见，然而在其他一些地区，比如埃塞克斯、剑桥郡等，它们的数量却十分丰富。中欧和北欧的大部分地区也是树麻雀的栖息地，而且我们也收到过来自喜马拉雅山脉地区和中国的树麻雀样本。树麻雀的食物包括植物种子、谷物和昆虫。和同属的其他鸟类一样，树麻雀也缺乏鸣叫声。树麻雀常常将巢穴建在矮小树木或树桩子的树洞中。巢穴的样子和家麻雀的巢穴十分相似。它们的鸟卵也与家麻雀的鸟卵相似，只是树麻雀的卵要小一些。雌性和雄性树麻雀在羽毛上没有区别。树麻雀比雄性家麻雀的个头要小很多，头冠部为栗棕色；耳朵覆羽为一小块黑色的羽毛，肩膀部位有两条狭窄的黄白色条纹。

彩图中展示的是一只雄性和一只雌性家麻雀，以及一只成年雄性树麻雀。

黑胸麻雀（右）

意大利麻雀（左）

英文名 | Spanish Sparrow　　拉丁文名 | Passer hispaniolensis　　　　英文名 | Cisalpine Sparrow　　拉丁文名 | Passer italiae

黑胸麻雀

鸣禽 / 雀形目 / 雀科 / 雀属

如上彩图中所示，这两个物种与我们常见的家麻雀十分相似。乍看下去，甚至很容易被误认为是家麻雀。因此我们需要更加仔细地观察，才能发现它们的区别。我们不得不遗憾地说，关于黑胸麻雀的生活习性和行为特点我们还知之甚少；而那些它们栖息地的人们也似乎很少会注意到它们。因此我们能获得的关于黑胸麻雀的描写常常只是十分寡淡的记述。它们的栖息地与普通的家麻雀的栖息地相似，不过黑胸麻雀更倾向于在我们国家贫瘠荒芜和多岩石的地区栖息，而不是在村庄和城镇中聚集。

彩图中的两种鸟类中，黑胸麻雀更罕见。它们真正的自然栖息地应该在西班牙南部、西西里岛、爱琴海群岛和埃及。我们没有画出这两个物种的雌性样本，这是因为这两个物种的雌性鸟儿与我们的家麻雀十分相似，以至于在没有样本对照的情况下，很难从羽毛上将两者区分开来。

头冠部和后头部为明亮的深栗色；背部和肩膀为黑色，每根羽毛边缘为红褐色；喉部，颈部和胸脯前部分为黑色；两侧有相同颜色的条纹；腹部为白色；眼睛上方和两颊有暗白色的条纹；鸟喙为黑色，比我们普通的家麻雀和意大利麻雀的鸟喙更细长。

意大利麻雀

鸣禽 / 雀形目 / 雀科 / 雀属

特明克先生说："人们只在阿尔卑斯山脉和亚平宁山脉以南的国家中见到过意大利麻雀。从来没有人报告过在这些山脉以北的地区见到意大利麻雀。"从这些地区，意大利麻雀的分布地还伸展到了整个意大利和欧洲南部。意大利麻雀的生活习性与我们普通的家麻雀不同，它们更喜欢栖息在平原和空旷的乡野地区，而不是城市和乡村。

夏季雄性意大利麻雀的头冠部和颈后部为单纯的亮栗色，经过秋季换毛之后，这些部分的颜色会变成深红色，每根羽毛边缘都为红褐色；两颊为纯白色；其他方面都与我们普通的家麻雀相似。

雌性意大利麻雀和家麻雀十分相似，因此关于家麻雀羽毛的描述也适合意大利麻雀。但是仅有一点差异，那就是当前这一种鸟类的头部和颈后部颜色为浅灰色，着色更暗淡。

关于这两个物种的筑巢习惯和鸟卵，我们还没有获得任何信息。

我们彩图中展示的是两个物种的雄性鸟儿，和一只雌性意大利麻雀的头部。

苍头燕雀

英文名 | Chaffinch   拉丁文名 | Fringilla coelebs

苍头燕雀

鸣禽／雀形目／燕雀科／燕雀属

这种观赏性的美丽燕雀为所有的人所熟知，凡是对于我们本地鸟类有所了解的人们都熟知这种鸟类的特点，因此我们不敢保证在下文中陈述的苍头燕雀的特征对于读者们来说是否还算新的知识。

苍头燕雀在欧洲的每一个地区都有广泛的分布，而且在欧洲大部分地区都是一种留鸟。塞尔比先生说："所有的鸟类学家都将这种鸟类描述为我们的一种留鸟。在我们的地区，雌性和雄性苍头燕雀不会分开。在瑞典和其他北方国家的雌性苍头燕雀会向赤道地区迁徙。但是这样的事情在我们这里不会发生。然而，这一事实却不是完全正确，因为多年的经验证明，总体来说，在英国北部地区的苍头燕雀也遵循着相同的自然法则。在诺森伯兰郡和苏格兰这种分离会在每年的11月份发生，从这时候直到次年的春天，人们几乎很难会在这些地区看到雌性苍头燕雀。而留下来的少数雌性苍头燕雀也几乎总是栖息在遥远的地区。雄性苍头燕雀在整个冬天都不会离开。它们会成群地在一起，与其他以谷物为食的鸟儿们一起出没在冬季清冷的田野中。天气还算温和，地面还没有被积雪覆盖的时候，人们常常能看到这样的情景。但是一旦暴风雪来临，它们就会飞到农家院子中，以及其他可以寻求庇护和获得食物的地方。"

我们引用了塞尔比先生的原文，描述了英国南部这种鸟儿的生活习性和行为特点。我们观察到在秋天和早春时节，在我们的花园和果园中很少能见到这种帅气的小鸟。在这些时候，苍头燕雀们往往已经飞去了广阔的田野和篱笆丛中，远离了人们的住宅区。苍头燕雀在早春就开始求偶活动，于是也很早地就出双入对了。再回到我们的花园和果园时，它们就会唱起简单的歌儿，行为也十分活跃。这时候筑巢和繁殖工作也迅速地展开了。苍头燕雀的巢穴十分地整洁，巢穴外层是用最柔软的地衣（通常是从苹果树上获得的）编织起来的，混杂着一些羊毛，而内层则衬着羽毛和一些柔软的绒毛；它们对巢穴所在的环境没有十分严格的选择，苹果树枝、山楂树枝或者任何小灌木或小树,只要是枝叶茂密,能够为它们的巢穴提供遮挡,都会成为它们的选择。苍头燕雀的鸟卵有4~5枚,为粉白色,有紫红色的斑点。

苍头燕雀的食物多种多样,在冬天它们主要以谷物和植物种子为食,而在夏天它们的主要食物则是大部分昆虫和它们的幼虫。它们捕食这些食物的技巧很高超。

与所有真正的燕雀属鸟类一样,苍头燕雀的雌雄性个体之间在羽毛颜色方面对比十分鲜明。除此之外,它们在春季和冬季会换上不同的羽毛,春季羽毛相对漂亮,而在冬季苍头燕雀的羽毛则要暗淡一些。

雄性苍头燕雀在春季鸟喙为漂亮的蓝灰色;头冠部和颈背部位为深灰色;背部中央为栗色;尾部为黄绿色;小翼覆羽为白色;飞羽为黑色,边缘为黄白色;两支中央尾羽为灰色,有橄榄色的着色;中央尾羽边缘的3支羽毛均为黑色;外侧羽毛的内羽片上有大块白斑;两颊、颈部、喉部以及下体表为栗棕色;腹部下部分以及肛门为白色;腿以及足部为棕色。雌鸟整个上体表为橄榄棕色,上尾羽颜色更深;两颊、喉部以及下体表为棕灰色;肛门和下尾羽覆羽为白色;两翼以及尾羽与雄鸟相同部位一致,只是白色的部分更不明显。

雄性幼鸟在秋季时羽毛与雌鸟相似。

我们彩图中展示的是春季时候的鸟儿。但是我们必须承认我们的绘画没能展现出活生生的鸟儿们羽毛富丽、和谐的光泽。这些美丽的鸟儿是我们的草地上和灌木丛中最吸引人的装饰。

燕雀

英文名 | *Mountain or Bramble Finch/Brambling*　拉丁文名 | *Fringilla montifringilla*

燕雀

鸣禽／雀形目／燕雀科／燕雀属

这种燕雀分布在欧洲的每一个国家，而且数量极为丰富。燕雀更喜欢在高海拔、高山地区栖息。在欧洲大陆的很多地区，燕雀都是一种留鸟，而在其他一些地区燕雀则完全是一种候鸟。在不列颠群岛上，燕雀只有在冬季才会露面。每年的秋季末是它们到访的时候，而在第二年的春季来临的时候，燕雀又会离开。在夏季，燕雀飞到北方高纬度地区茂密的冷杉林和松树林中栖息、繁殖。尽管在几个季节中这种优雅的鸟儿都不会在我们岛屿的中部露面，可是仍然值得一提的是，在一些时候燕雀还是会成群地在我们的一些山林和荒野中出没。它们常常还会和苍头燕雀以及其他以谷类为食的小鸟成群结队一起飞来飞去地寻找食物。在栖息地方面，燕雀更喜欢山毛榉林。有时它们会以山毛榉坚果为食，有时也会吃各种植物种子和柔嫩的植物幼芽。在此方面和其他很多方面，燕雀都与苍头燕雀十分相似。燕雀的外形也很典型，就美丽与优雅方面来说，燕雀也不输给同属的其他物种。尽管我们认为在苏格兰北部地区很有可能栖息着小规模的燕雀，但是我们还没有找到事实证据来证实这样的猜测。据说这些燕雀栖息在高大的松树和云杉林中，它们的巢穴是用苔藓和羊毛编织起来的，内衬是羽毛和头发。鸟卵为白色，有红棕色的斑点，每窝通常有5～6枚。

燕雀雌雄个体之间在羽毛整体色泽方面很相似；然而雄鸟的羽毛色泽更鲜艳，颜色对比更明显。在夏季，雄性燕雀会换上一身与冬季时候不同的羽毛。冬季棕色的羽毛会在春季和繁殖季节换成黑色。彩图中的雄性燕雀的羽毛是冬季和夏季羽毛之间的过渡羽毛。彩图中这两只雌雄性燕雀都是它们从我们的岛屿上辞行之前的模样。

黄雀

英文名 | *Eurasian Siskin*　拉丁文名 | *Carduelis spinus*

黄雀

鸣禽／雀形目／燕雀科／黄雀属

黄雀这种可爱的小鸟在被圈养时会表现得十分温和驯服,这与它们在野外自然环境下温顺的性情是一致的。因此黄雀也赢得了人类广泛的关注和友谊。在热热闹闹的5月里,我们是看不到这种小候鸟的。这样的时候来我们的岛屿上消暑的鸟儿们往往都已经到齐了,并且在花红柳绿的树林间和花园里和谐地栖息着。然而黄雀在这个时候却已经与我们告别,并飞去了更远的北方国度,在那里筑巢繁殖并养育幼鸟。黄雀的自然栖息地应该在欧洲大陆的高纬度地区。据说只有在欧洲最北方的地区,黄雀才会筑巢繁殖。特明克先生说,黄雀栖息在瑞典,但是却不在西伯利亚地区。不过它们会定期地从这里飞去法国和荷兰。在秋末,11月份,来自南方的候鸟们已经纷纷抛弃了我们的山野丛林,因为它们再也不能够找到充足的水果和昆虫等食物了。但是这个时候黄雀就会从它们的避暑地回归到这里。在它们最喜欢的栖息地上,它们会一直待到次年春天。

大多数作者认为黄雀是我们本地鸟类中的珍稀物种之一;但是事实正好相反,黄雀是分布最广泛也最常见的一种鸟儿,它们在桦树和栖木林中的数量最为丰富。黄雀似乎格外喜欢这些树木,而这些树木通常生长在小河边和低矮的沼泽地上。在这些地区,黄雀总是大批群居。它们的主要食物是桤木的嫩芽和种子。黄雀会像山雀一样攀附在最外层的枝条上,尽管与山雀相比,它们远没有那么灵活和熟练。我们知道黄雀的近亲金翅雀最喜欢的食物是蓟、蒲公英和其他植物的种子,但是我们也从来没有观察到过黄雀吃这样的食物。除此之外,黄雀的鸟喙也不十分适合食用这样的食物。它们的鸟喙相对更短小,而且不够尖锐;另外,黄雀的跗骨也较短。

尽管我们不认为应该将黄雀与金翅雀属的几个欧洲和其他地区的物种划分开,但是我们仍然认为黄雀不仅在外形方面与其他物种有略微的差异,而且这种外形的差异也影响了它们的生活习性和行为特点。

黄雀因它们温顺驯服的性情和悦耳的歌声而受到人们的尊重和喜爱，它们甚至因此在大型鸟类饲养舍中占据了重要的位置。事实上，每年都有大量的黄雀被捕获，并且被送去伦敦。在那里它们要么被送去与金丝雀或金翅雀配对，要么被孤零零地关起来，为阁楼上的住户唱小夜曲。

　　黄雀雌性和雄性个体在羽毛方面区别很大。雄鸟的羽毛在夏季特点更鲜明，颜色对比更漂亮；黑色的部分变得更纯正而且明晰，身体两侧和下体表的羽毛颜色也更加生动。

　　黄雀对筑巢地的选择方面有很多的矛盾之处。特明克先生表述说，它们在松树最高的枝条上筑巢，而且贾丁先生和塞尔比先生都在苏格兰的基林村见到过这样的巢穴。现在我们能够确定的是黄雀的确会在苏格兰高地的一些松树林中繁殖。鸟卵通常一窝有4～5枚，为暗淡的蓝白色，有紫红色的斑点。

　　雄性黄雀的头冠部和喉部为黑色；眼睛上方都有一条黄色的宽纹；颈后部、背部以及肩部为橄榄黄色，有棕色的纵纹；喉部下部分、胸部以及腹部为黄色；大腿部位和肛门为灰色，有细长的棕色条纹；翅膀为黑色，有黄色条纹；飞羽的外侧边缘有些微的黄色；尾羽基部为黄色，尖端为黑色；鸟喙为浅棕色。

　　雌性黄雀与雄性黄雀有几点不同：雌鸟头部以及喉部的羽毛没有黑色的部分，而雄鸟胸脯部位的亮黄色在雌鸟身上则是灰色，有深棕色的纵纹；上体表颜色更深，尾羽基部几乎没有黄色的部分。

　　彩图中展示的是一只雄性和一只雌性黄雀。

红交嘴雀

英文名 | *Red Crossbill*   拉丁文名 | *Loxia curvirostra*

红交嘴雀

鸣禽／雀形目／燕雀科／交嘴雀属

尽管在我们的岛屿上，在最炎热和最寒冷的季节，我们都能常常见到红交嘴雀，但是我们却几乎不能将它们看作是一种留鸟。的确，记录册上有一些零星样本在我们的岛屿上繁殖，但是它们的自然栖息地毫无疑问还是在旧大陆的北方高纬度地区。塞尔比先生告诉我们，1821年，有大量的红交嘴雀飞来我们的王国，并且分散到了山林和种植园中。遍布冷杉树的地区红交嘴雀的数量尤其丰富。"在6月初它们第一次露面，大群的红交嘴雀这时候集体飞来。这其中主要包括雌鸟和当年的幼鸟（雄鸟在第一次换羽到当年年底之间羽毛为红色）。我捕杀的很多雌鸟裸露的胸脯都清楚地表明，它们在飞来之前的一段时间里参与了孵卵的活动。这与描述中它们在高纬度地区繁殖的情况是相符合的。从这一段时间之后，红交嘴雀一直不断地到访我们的岛屿，但是再也没有1821年那样大的规模。"

我们也注意到在很多博物学家们的心中，关于这种鸟儿还是有很多的疑惑。我们自己直到最近也在疑惑：标志着这种鸟儿的美丽的玫瑰红色羽毛是仅仅在繁殖期间出现的，还是成年雄性红交嘴雀的永久特征。在我们最近一次到访维也纳时，有机会观察到了各个阶段的雌雄性红交嘴雀。这使我们获得了充足的证据，证实了红交嘴雀的红色羽毛是在第一个秋季期间获得的，因为我们看见了很多新长出羽毛的幼鸟身上密布着斑点；而其他一部分鸟类斑点状的羽毛则消失了，并且在一定程度上长出了红色的羽毛；另外一些鸟类全身的羽毛都呈现出这种色彩的着色。而成年红交嘴雀则与大部分鸟类学家表述的一样，羽毛为橄榄绿色。这样的羽毛则看起来是永久的。在维也纳的鸟类市场上，大批红交嘴雀被展示出售，人们将它们买去往往更多地是为了摆上餐桌。有同样命运的还有燕子、白腹毛脚燕和其他各种小型鸟类。不过相比较起来，还是红交嘴雀的需求量更大。其中原因可能是：一来红交嘴雀的个头较大，二来是它们的食物决定了它们的肉质更鲜美好吃。这一点我们可以做证。

红交嘴雀通常将巢穴建在冷杉树和其他高大树木最高的枝杈间。巢穴的主要组成是苔藓和地衣，而内衬则通常是羽毛；鸟卵有四五枚，为灰白色，大的一端有不规则的鲜血红色斑块，其他部分分布着细小的同色斑点。红交嘴雀的鸣叫声类似叽叽喳喳，在努力地取出冷杉球果中的种子时它们会发出这样的鸣叫声。冷杉的种子构成了红交嘴雀的主要食物，而它们的交嘴鸟喙也似乎让它们成了食用松子的行家。果园中的水果有时也会遭到这种鸟类的破坏，为了吃掉水果里面的种子，它们常常必须不辞辛苦地做大量的破坏工作，这包括啄破苹果和梨子。在树枝间，红交嘴雀十分活跃和灵活，在鸟喙和爪子的帮助下，它们可以用任何姿势攀附在树枝上，和鹦鹉属的鸟类相似。

　　在所有的小型鸟类当中，红交嘴雀似乎是最不信任人类的了。当大群红交嘴雀一起来到我们的岛屿上时，人们都知道会有大量的红交嘴雀被用粘鸟胶的嫩枝捆在钓鱼竿末端诱捕。

　　我们彩图中展示的是一只成年红交嘴雀和一只当年的幼鸟。

粉红椋鸟

英文名 | Rose-coloured pastor/Rosy Starling   拉丁文名 | Pastor roseus

粉红椋鸟

鸣禽 / 雀形目 / 椋鸟科 / 粉红椋鸟属

粉红椋鸟同属的鸟类几乎无一例外都栖息在旧大陆，尤其是这些地区的东方和温暖的部分。椋鸟属的物种十分多；但是唯一一种会到访欧洲更温暖地区的鸟类就是粉红椋鸟。粉红椋鸟十分漂亮优雅，它们真正的栖息地在亚洲西部和非洲北部，尤其是埃及以及尼罗河沿岸。每年粉红椋鸟会规律地从这些地区向意大利北部各省以及西班牙迁徙。它们鲜少会飞去这两个国家以北的地方。粉红椋鸟到访我们的岛屿的时间更是稀少，而且无规律可循。但是在不列颠群岛上还是有一些粉红椋鸟被捕杀了，这一情形使它们与众多其他在欧洲大陆温和地区同样珍稀和独特的鸟类顺利地成了我们的动物群中的一员。塞尔比先生、彭南特先生以及比威客先生都针对捕获的这一种鸟类做了详细描述；但是我们能够看到的唯一一个样本是5月份在温莎的艾弗宫被我们尊贵的朋友约翰·纽曼先生捕杀的。这只粉红椋鸟样本至今仍为纽曼先生所有。我们在插图中努力绘制的正是这只羽毛十分美丽的粉红椋鸟样本。

粉红椋鸟的行为特点与我们常见的紫翅椋鸟十分相近。粉红椋鸟也以相同的方式成群栖息。为了找到足够的蝗虫和其他的昆虫，粉红椋鸟会常常到访牧草丰美的地区。它们经常会与牧场上的动物们作伴，甚至还会栖坐在牲畜的背上，寻找着寄生在牲畜毛发间的昆虫幼虫。我们同样还得知在埃及粉红椋鸟的数量十分丰富。尤其是在尼罗河河水容易泛滥的地区，流水和热量滋养了各类昆虫家族，也因此吸引了更多捕食这些昆虫的粉红椋鸟。因为粉红椋鸟在消灭泛滥的昆虫方面做出的功绩，当地的人们也给予了它们特别的尊重。除了昆虫，粉红椋鸟也会食用水果和浆果。

我们得知粉红椋鸟会选择树洞、岩石或老建筑来筑巢。它们每窝会产下5～6枚卵，颜色我们目前还不能够确定。

雄性和雌性粉红椋鸟在羽毛方面的唯一区别就在于，雌鸟的羽毛颜色更加暗淡，而且雌鸟的体型要小一些；胸部羽毛也没有那么光滑松垂；然而幼鸟的两性个体之间差别比较大，而我们指出了另一个证明粉红椋鸟与紫翅椋鸟之间十分亲密关系的情形。我们在上面提到过这两种鸟类在生活习性、行为特点以及食物方面是非常相似的；如今我们要说的是这两种鸟类的幼鸟身上发生的变化也是类似，甚至是相似的。

粉红椋鸟的羽毛颜色非常显眼漂亮；鸟喙和腿部近乎肉色；头部、喉部和胸部以及颈部为黑色，有紫色的着色；背部和下体表为鲜艳的玫瑰红色；翅膀和尾羽为黑色，有绿色的着色；虹膜为棕色。

第一个秋天的幼鸟整个身体上表面为整齐的黄棕色；翅膀和尾羽颜色更深；喉部和下体表为白色；前者有纵向的棕色条纹，头部没有会长出任何羽冠或肉冠的迹象。

我们彩图中绘画的是一只羽翼丰满的雄性粉红椋鸟，和一只尚未秋季换羽的当年的幼鸟。

星鸦

英文名 (Spotted) Nutcracker　拉丁文名 Nucifraga caryocatactes

星鸦

鸣禽／雀形目／鸦科／星鸦属

我们很遗憾不能亲自观察这种有趣的非凡鸟儿，因此也不能亲自详细地描述出它们的模样和生活习性。这种鸟类和栖息在喜马拉雅山脉地区的另一种鸟类构成了星鸦属中仅有的全部物种。这样本属的鸟类似乎与一些对趾类的啄木鸟科鸟类有一些关联。维戈尔先生认为星鸦与分布较广的椋鸟科鸟类有一定的相似性。

星鸦的自然栖息地是瑞士和德国的高山林区。事实上，星鸦栖息在欧洲的大部分地区，而在欧洲北部，星鸦完全属于一种候鸟。

本国人捕获了少数几只罕见的星鸦样本，因此星鸦才在不列颠群岛的动物群中占据了一席之地。星鸦的独特外形与一些啄木鸟十分相似，因此星鸦的生活习性和行为特点也与这些啄木鸟相似。与它们一样，星鸦会攀上树干，用鸟喙不断地敲击树皮，将躲藏在树皮下的昆虫幼虫驱赶出来。这些幼虫以及蠕虫、水果、坚果和松子等构成了星鸦的主要食物。

星鸦在腐烂树木的树洞中繁殖。在必要的时候还会用鸟喙来制造出合适的尺寸。星鸦每窝会产下5～6枚卵，为黄白色。

雄性星鸦和雌性星鸦在羽毛方面与大部分鸦科鸟类一样没有外在的区别；然而，雌鸟的个头要比雄鸟小一些。标志性的羽毛颜色也要暗淡一些。

星鸦全身羽毛为深棕红色，接近焦茶色；身体羽毛颜色斑驳。头部和尾部每根羽毛中央有较大的白色斑点；翅膀和尾羽为棕黑色，有绿色的着色，后者尖端为白色，两根中央羽毛除外；鸟喙和腿部为棕黑色。

松鸦

英文名 *(Eurasian) Jay* 拉丁文名 *Garrulus glandarius*

松鸦

鸣禽／雀形目／鸦科／松鸦属

这种常见的、非常美丽的鸟儿广泛地分布在欧洲大部分的山林地区。松鸦属包含的鸟类物种很少，而且每个物种之间都有比较明显的差异。而真正的松鸦应该只栖息在旧大陆。

常见的欧洲松鸦是一种吵闹、羞怯又很灵巧的小鸟。它们总是在十分茂密的山林和葱郁的篱笆丛中栖息，因此人们很难观察到它们。松鸦几乎完全栖息在树上，很少会来到地面上。即便松鸦真的从树上飞下来，它们也会飞进茂密的小树林和灌木丛下，不会让人看见它们。松鸦的主要食物包括水果、浆果和豆科植物的种子，而随着季节的变化，松鸦也会吃一些昆虫的幼虫、蠕虫、鼻涕虫等，甚至偶尔也会吃一些鸟类的幼鸟和鸟卵。它们的癖好决定了它们在花园中会非常淘气。果树和豆科植物都会成为它们摧毁的目标。

松鸦在我们的岛屿上是一种留鸟。在欧洲的温暖地区也是如此。松鸦在最隐蔽的小树林和山林中筑巢。巢穴通常建在枝丫间。巢穴外层是用小树枝铺垫起来的，通常为桦树枝，而内衬则是纤维、草根等。鸟卵有4～5枚，为淡蓝色，有棕色的斑块。但是标志性的斑点数量极大，而且十分细小，因此看起来像是整齐的暗灰色。

在一些季节里，松鸦会小群聚集，其中或许还有当年的幼鸟。它们一起度过整个严冬，到了春季才会开始求偶，并成双入对地开始筑巢繁殖的伟大工作。

雌鸟和雄鸟之间在羽毛上没有外观的差异，早期的幼鸟在羽毛方面与成年鸟类的羽毛颜色相似。圈养时，松雀会成为人们钟爱的宠物，因为这时候它们会表现得大胆，乐意与人亲近，而且它们拥有高超的记忆力和模仿天赋，不仅能够很快地学习词汇，甚至还能学习句子。

喜鹊

英文名 | Common Magpie　拉丁文名 | Pica Pica

喜鹊

鸣禽 / 雀形目 / 鸦科 / 喜鹊属

我们著名的同胞雷似乎真的很欣赏喜鹊同属鸟类的特性，他认为这些鸟类应该足以构成具有鲜明特征的一属。我们也赞同雷的看法，认为喜鹊具备独特的行为特点、生活习性和总体特征，因此可以构成独立的一属。

喜鹊是我们国家的鸟类中最优雅、漂亮的一种。它们的体型优美，羽毛乌黑光滑还泛着绿色的光彩，与洁白的部分产生了鲜明的对比。因此喜鹊可以说是我们的公园中和草地上最显眼的一种鸟类。它们大胆、活泼，充满了生机和活力。喜鹊是一种十分吵闹的鸟儿，总是好奇，喜欢窥探。一旦有狐狸或者鹰隼出现，喜鹊总会第一个发现并且发出警报。它们也总是第一个带队嘲笑和袭击进犯者。喜鹊的眼睛黝黑深邃，性格狡猾、聪明而且大胆不怕人，因此它们是人们最喜欢的笼养鸟类之一。但是它们有时候会做出小偷小摸的盗贼行径，因此败坏了自己的好名声。喜鹊常常会成为不速之客，窥探他人的财产。这时候没有其他的鸟类能比它们更让人烦恼了。它们的破坏力之大也常常让人咋舌。其他鸟类的鸟卵是它们的头号窥探目标，羽翼还没有长全的幼鸟有时候也难免会成为它们的攻击对象。它们寻找目标的范围不仅仅是在公园和保护区中，人们居住的住宅区常常也会受到它们的骚扰。它们来到这里骚扰进攻各种家禽刚刚孵化的幼鸟。喜鹊在很大的程度上是杂食的，它们的食物通常包括昆虫的幼虫、蛆虫、蜗牛和蠕虫。但是它们也不会拒绝食用腐肉、谷物或水果。

喜鹊几乎在世界范围内都是一种常见的鸟类，这不仅包括欧洲和亚洲的温带地区，还包括美国和北美洲地区。喜鹊在一年当中的大部分时间里都是成双成对一同作息，但是在繁殖季节里，它们则会聚集成大群。这时候它们会十分吵闹、活泼，十分兴奋地做出各种花样和动作，按捺不住地炫耀它们的羽毛和身姿。

雌性喜鹊和雄性喜鹊的唯一区别就在于雌鸟的身材要小很多。

喜鹊选择的筑巢地差别很大，因此有些博物学家甚至怀疑这是两个物种。我们之所以这么说是因为有一些喜鹊会在篱笆丛中筑巢，而另一些喜鹊则会将巢穴建在高大树木的最高枝条上；但是在这两种喜鹊身上我们并不能找到任何的差异。因此单凭筑巢习惯这一点，我们认为还不足以将这些喜鹊分成两个物种。

喜鹊建造巢穴的手艺一直没有被历代爱好观察自然的人们忽略。事实上，喜鹊在建造巢穴的时候十分注意安全和便利这两方面的因素；但是它们的巢穴并不能算得上足够隐蔽，因为它们都足够大，而且所处的环境也将它们映衬得十分显著。

喜鹊的巢穴外面是用干枝和嫩枝搭起来的。可想而知，这要花费很大的力气。随着建筑不断接近竣工，外层结构越发紧凑。树枝里面是一层泥巴，最里面还整洁地铺着柔软的草。巢穴上方是一个柳条编织的圆顶，巢穴上有一个孔。这个孔的大小刚好容许亲鸟出入。亲鸟在巢穴中孵卵的时候，会将头探出洞孔。当喜鹊注意到任何细小轻微的警报，它们就会迅速离开巢穴。

雌鸟一窝产6～7枚卵，灰棕色的杂色斑驳地分布在整个白绿色的底色上。

幼鸟很早就会长出成年鸟儿的羽毛，它们直到当年的秋末都会一直跟随着它们的亲鸟。

我们彩图中展示的是一只成年雄性喜鹊。头部、喉部、颈部、胸部上部分以及背部为深黑色；翅羽的内羽片为白色，外羽片为亮绿色；尾羽次第渐长，为黑绿色，有铜色的着色；肩胛部位、胸部和腹部为纯白色；鸟喙、虹膜、腿部和足部为黑色。

灰喜鹊

英文名 | *Azure-winged Magpie*   拉丁文名 | *Cyanopica cyanus*

灰喜鹊

鸣禽／雀形目／鸦科／灰喜鹊属

我们非常高兴地首次在本书中给出这种美丽优雅的喜鹊的模样。众多作者们都认真地研究过欧洲的鸟类，但是灰喜鹊还是逃过了大多数作者的眼睛。特明克先生也专心致志地研究过这一部分的信息，但是甚至连他在以精确和亲自调查取证闻名的作品中也没有提到过这种鸟类。我们只知道在瓦格勒博士的一本鲜有人知晓的书中灰喜鹊的存在得到了证实，但是关于它们生活习性等方面的描写，也只有寥寥数笔而已。关于灰喜鹊的生活习性等方面的信息，瓦格勒博士只告诉我们灰喜鹊是西班牙的一种本地物种。在4月份会成群来到西班牙，在灌木丛和柳树林中栖息。灰喜鹊也和我们普通的喜鹊一样十分聒噪和冒失。

我们要再次感谢库克船长。我们绘制彩图中的灰喜鹊参照的样本还是来自他的好心和奉献。库克船长观察到灰喜鹊在马德里地区数量十分丰富。他就是在这一地区获得了我们参照的样本，同时捕获的还有其他几种同样十分罕见和珍贵的鸟类。

灰喜鹊的鸟喙和腿部为黑色；头冠部、后头部和耳朵覆羽为黑色，有闪亮的紫罗兰着色；整个背部和尾部为灰玫瑰色；喉部为白色；下体表颜色与背部相同，只是稍微浅一些；翅膀和尾羽为柔和的天蓝色，主翼羽的第一、二支羽毛全部为黑色，其他的外羽片从基部到一半的位置全部为白色；尾羽次第渐长，每根羽毛尖端为白色，两根中央羽毛颜色更暗淡一些；灰喜鹊的体长一般有30～35厘米。雌性灰喜鹊和雄性灰喜鹊在外观上没有区别。

我们彩图中描绘的是一只羽翼非常美丽的灰喜鹊。

渡鸦

英文名 | *Common Raven*　拉丁文名 | *Corvus corax*

渡鸦

鸣禽 / 雀形目 / 鸦科 / 鸦属

渡鸦的分布十分广泛，因此在世界范围也普遍地为人所知晓。一提起渡鸦的名字，人们几乎都能立即想到它们的模样。渡鸦在同属鸟类中个头最大，也最强壮，既有胆量又有灵敏的智慧。但是渡鸦也是牧羊人和农夫们怀疑的对象，因为它们会勇猛无惧地攻击他们畜群中年幼的和生病的牲畜。在过去迷信的时候，人们普遍地认为渡鸦是一种不吉利的鸟类，它们沙哑撕裂的叫声宣召着即将降临的灾难。

渡鸦的眼神和嗅觉都十分灵敏。它们总是时刻搜寻着、嗅探着，不放过任何能够填饱它们胃口的食物。一旦有一只没有抵抗能力的牲畜，或者仅仅是没有牧人看管的牲畜出现在它们的视野内，它们就会毫不犹豫地采取行动。起初渡鸦会从倾斜的角度，谨慎地靠近它们的猎物。但是渡鸦会忌惮人类和在跑动的大型动物，因为尽管它们十分想把一些动物变成它们的午餐肉，但是它们更害怕自己被变成一堆腐肉。在攻击这些牲畜的时候，若没有别的干扰，渡鸦会首先袭击这些牲畜的眼睛，之后它们就会随意地选择自己喜欢部位的肉来进食了。渡鸦会用鸟喙衔走一块战利品，飞到一边慢慢吞吃掉，接着再一次飞回去随意挑选。

渡鸦几乎分布在地球上的每一个地区。它们最经常出没的地区是海岸边的岩石上、高山崖壁和广袤的山林中。这样的栖息地与它们的生活习性是相适应的。渡鸦还会时常飞去空旷的平原和广阔的田野中。牧场尤其是渡鸦钟爱的栖息地。与同属的其他鸟类一样，渡鸦对于食物也没有什么讲究。小哺乳动物、各种卵、爬行动物、死鱼、昆虫、谷物和腐肉，它们都会不加选择地吞进腹中。人们也曾经看见过它们用白嘴鸦的卵来喂养它们的幼鸟。

人们看见的渡鸦雌鸟和雄鸟往往都在一起，据说渡鸦一生只有一个配偶。渡鸦雌鸟和雄鸟在羽毛方面没有差异，而且渡鸦只会经历一次换羽。它们在高大树木的树枝上筑巢。如果渡鸦的栖息地在海岸边的话，人类最难以达到的岩石裂缝也会成为它们的筑巢地。它们的巢穴一般是用树枝、羊毛和毛发建成的，这样的巢穴渡鸦会连续使用几年。鸟卵通常有4～5枚，为蓝绿色，有棕色的斑点。渡鸦的繁殖工作一般在早春就完成了。在孵卵期间，雌鸟承担主要的孵化工作。此时，雄鸟会完全承担起寻找食物的任务，而且也会帮助雌鸟孵卵。幼鸟一旦能够养活自己，就会被亲鸟们赶出巢穴。如果在渡鸦年幼的时候就带回家饲养，它们很容易就能够被驯化。驯化后的渡鸦十分温顺，乐意亲近人类，还能够十分精确地模仿不同的声音。经过精心地训练，渡鸦甚至能够清晰地说出不少词汇。渡鸦最出名的特点是会偷走和藏匿抛光的金属片儿。

渡鸦的整体羽毛为黑色，上体表有蓝色的光泽；喉咙部位的羽毛狭窄、尖锐；尾巴末端圆润；鸟喙、腿部和爪趾为黑色；脚爪为黑色，强壮而弯曲。

我们彩图中描绘的是一只成年的鸟儿。

小嘴乌鸦

英文名 | Carrion Crow   拉丁文名 | Corvus corone

小嘴乌鸦

鸣禽 / 雀形目 / 鸦科 / 鸦属

小嘴乌鸦在不列颠群岛上分布十分普遍，也是一种留鸟。在欧洲大陆的西部地区，小嘴乌鸦的分布也似乎同样普遍。但是向东至匈牙利和奥地利大部分地区，小嘴乌鸦就十分罕见了。

在生活习性、行为特点和总体结构方面，小嘴乌鸦与渡鸦十分相似。小嘴乌鸦也喜欢成双成对地一起出没，在人类靠近的时候会变得十分羞怯谨慎。但是我们认为这样的性情可能是在人们捕杀的情形下慢慢形成的。小嘴乌鸦相比秃鼻乌鸦更加强壮有力。这两种鸟类比较容易区分，首先小嘴乌鸦的羽毛有绿色的金属光泽，其次小嘴乌鸦的鸟喙更厚更弯，和脸部以及鼻孔上一样有刚毛。除此之外，小嘴乌鸦在自然生物界中担当的角色也有很大的不同。当秃鼻乌鸦成群结伙分布到种植区中寻找着昆虫、蠕虫和谷物等食物的时候，小嘴乌鸦却会成双成对，或者最多6只或8只一群，四处流浪着寻找各种腐肉。要知道腐肉才是它们最可口的美餐。除了这样的食物，小嘴乌鸦还会吃鸟卵以及各种幼鸟和幼兽。当小嘴乌鸦饿极了的时候，它们甚至会攻击小羊羔和小鹿等。

小嘴乌鸦在一生中一旦求偶成功，就再也不会和配偶分开。如果选定了一处安全适合的繁殖地，这样的一对小嘴乌鸦就会年复一年地返回这里。它们甚至还会找到过去栖息过的同一棵树木。小嘴乌鸦的巢穴通常建在靠近树干的一个树杈上。它们的巢穴要比渡鸦的巢穴小一些，外层是树枝和泥巴，内衬是羊毛和毛发。鸟卵有5～6枚，底色为绿色，通体有密集的灰棕色斑点。

小嘴乌鸦对于猎场看守人来说是最具破坏性的一种鸟类。因此猎场看守人成了它们最大的敌人，总是对它们进行无情的屠杀。尽管如此，小嘴乌鸦还是凭借着自己的机警和智慧躲过猎场看守人的捕杀。

小嘴乌鸦的雌雄个体之间在羽毛方面没有差异，尚未离巢之时，它们就能长齐成年小嘴乌鸦一样的羽毛。

寒鸦

英文名 *Eurasian Jackdaw* 拉丁文名 *Corvus monedula*

寒鸦

鸣禽／雀形目／鸦科／寒鸦属

寒鸦比秃鼻乌鸦更大胆，也更为我们所熟悉，在繁殖季节，它们总会鲁莽地闯进人类的居住区，闯进我们的屋檐下，似乎是要为它们自己以及它们乌黑的后代寻求特殊的照顾和庇护；寒鸦同样也栖息在高山、旧城堡和废墟中。寒鸦生性聒噪，而且喜欢大群群居，因此它们一来到这些幽静荒凉的地区，这些地区就会变得热闹起来。

寒鸦的栖息地分布尽管不能与秃鼻乌鸦对等，但是也可以算比较广泛。在欧洲的每一个部分都能看见寒鸦漆黑的身影，在亚洲和非洲相邻的地区也是如此。

在秋、冬两季，寒鸦似乎总会飞到秃鼻乌鸦的群落中去。这两种鸟类相处得十分友好，白天它们一起飞出去寻找食物，夜晚又一同飞回栖息地休息。在春天到来的时候，寒鸦会与秃鼻乌鸦分开，径直飞去它们的繁殖地。除了上面我们提到的环境，寒鸦还会在岩石堆中和树洞中筑巢，甚至还有一些寒鸦会在地下的兔子洞中筑巢。寒鸦的巢穴外层是树枝，内衬是羊毛；鸟卵有4~6枚，为淡蓝绿色，表面散缀着黑棕色的斑点。

寒鸦属于杂食性，会吃水果、豆类和谷物；除此之外还有蠕虫、蜗牛、昆虫幼虫，甚至腐肉。寒鸦的性情十分鬼祟，所到之处总会留下一片狼藉。但是寒鸦也容易被驯化，乐于亲近人类。经过耐心训练后，寒鸦也能够清晰地说出一些词汇。

雌性和雄性寒鸦的羽毛颜色比较相似，无论冬夏都不会换羽。

当年的幼鸟羽毛颜色比成年鸟类更整齐；3~4岁以后头部和颈部羽毛会变成银灰色。

成年寒鸦的头冠部为黑色，有紫罗兰的着色；头后部和颈部为银灰色，这些部位的羽毛长且光滑；整个上体表为灰黑色，主翼羽和副翼羽有蓝紫色的光泽；足和鸟喙为黑色；虹膜为灰白色。

彩图中展示的是一只成年雄性和一只成年雌性寒鸦。

秃鼻乌鸦

英文名 | Rook　拉丁文名 | Corvus frugilegus

秃鼻乌鸦

鸣禽／雀形目／鸦科／鸦属

　　这种我们熟悉的鸟类似乎分布在欧洲大部分地区，栖息地一般是耕种区，因为这样的地区可以为它们提供谷类食物。也正是因为这样，秃鼻乌鸦才被农民们当成一种有害的邻居。但是事实上，经过调查我们就能发现，与它们在秋季偷走的一点谷粒相比，它们会在一年当中消灭掉更多的昆虫和它们的幼虫。偷走少量的谷物作为对自己的奖赏应该不能算作可怕的罪行，因此我们认为除了殷切地维护我们的财产之外，我们也应该感谢秃鼻乌鸦付出的劳动。另外，我们也必须承认秃鼻乌鸦的存在也使得我们的田野和牧场充满了生机。

　　秃鼻乌鸦在选择繁殖地时十分讲究。为了筑巢繁殖，秃鼻乌鸦常常要离开森林中的高大树木，而飞到靠近我们居住区的树木上。有一些秃鼻乌鸦甚至被发现在城镇和城市的中央筑巢。

　　成年秃鼻乌鸦与它们的近亲小嘴乌鸦很容易区分，因为秃鼻乌鸦的脸部和喉囊裸露，而这两部分的羽毛是在鸟喙反复地在土地中寻找食物时磨损掉了；除此以外，秃鼻乌鸦的羽毛也更长、更尖锐，上体表的蓝色光泽更接近紫色。

　　秃鼻乌鸦喜欢群居。相比其他的地区，在不列颠群岛上秃鼻乌鸦聚集的规模更大。因为不列颠群岛为它们提供了适合它们独特的生活习性和生活模式的栖息地。它们通常在3月份开始筑巢工作，用大量的树枝建起一个巨大的巢穴，内衬是一层泥巴和许多柔软的草。鸟卵通常有5枚，为蓝绿色，有深棕色的斑点。头10～12个月中的幼鸟仍然有覆盖鼻孔的羽毛，在这段时间中，它们与小嘴乌鸦十分相似，需要十分细致的观察才能将它们区分开。其实在这一阶段，这两种鸟类最大的区别就在鸟喙的形状。

　　秃鼻乌鸦的雌雄性个体之间在羽毛颜色方面十分相似，要将它们区分开必须得利用解剖学。

　　彩图中展示的是一只成年秃鼻乌鸦。

黑啄木鸟

英文名 *(Great) Black Woodpecker*   拉丁文名 *Dryocopus martius*

黑啄木鸟

攀禽／䴕形目／啄木鸟科／黑啄木鸟属

啄木鸟的家族或许要比整个鸟类家族中的任何一个鸟类的分支都要庞大，而且除了澳大利亚和南太平洋诸岛，啄木鸟几乎平均地分布在整个地球的旧大陆和新大陆上。然而尽管这个家族的鸟类数量极其多，但是它们在生活习性、食物、行为特点甚至羽毛状态和颜色方面都十分相似，因此栖息地也十分一致，可以说是一种十分团结的鸟类。这一家族的自然属性十分明显和明确，因此对一个物种的描述几乎可以适用到其他所有同一家族的鸟类。然而，与所有的自然生物家族一样，这一家族中的鸟类也存在着一些可以辨别的差异导致不同物种的形成。

黑啄木鸟可以说是一种真正的或典型的啄木鸟；它们的进化程度高，本身展示出了家族鸟类的共同特征。而且在旧大陆上黑啄木鸟的个头是啄木鸟家族中最大的，并且在世界上也仅仅次于美国的象牙喙啄木鸟。

尽管在不列颠群岛的大部分土地仍被高大的树木占据的时候，黑啄木鸟的数量十分丰富，但是如今黑啄木鸟在大片树木被伐倒后的不列颠群岛已经十分罕见，甚至不能算是不列颠群岛的本地物种了。据特明克先生说，黑啄木鸟甚至在法国和德国也很罕见。或许只有在欧洲的最北部，比如挪威、瑞典、波兰、俄国和西伯利亚地区才能见到这些鸟类，而且在这些地区它们的栖息地也十分有限。

作为真正的攀鸟家族的首领，黑啄木鸟的生活习性与它们的需求以及捕食方法相适应。我们不用说就知道，黑啄木鸟为了获得足够的食物，几乎总是攀附在树皮上，这样一来黑啄木鸟的身体就专门进化适应了这样的生活方式。黑啄木鸟的爪趾和几乎整个家族鸟类的爪趾相似（只有少数的几种鸟类是例外）。我们研究黑啄木鸟的爪趾就能发现，它们长而有力，脚爪十分坚硬，是用来抓住粗糙树皮的最好工具。除此之外，黑啄木鸟的爪趾是对生的，便于相互作用。但是这些爪趾并不像通常人们描述的那样是两前两后的，因为其中一对爪趾是横向的，与其他的爪趾呈锐角夹角，这样才能更好地适应凸起的树面，更紧密牢固地抓住树皮。尾羽比较僵硬，羽茎从基部向尖端逐渐变细。当黑啄木鸟攀附在树干上，尾羽向树干方面弯曲贴近，这样尾羽不仅能够形成支撑身体的支点，而且它的弹性也能够推动黑啄木鸟整个身体向前。腿部的位置靠后，便于起飞。而进食时在树干上螺旋式攀缘搜寻食物，完成后黑啄木鸟会飞向下一棵树木，然后重复上一个过程。

黑啄木鸟飞行不平稳，而且几乎不会飞行很远的距离。最常做的飞行活动只是在幽静的原始森林中从一棵大树飞到另一棵大树。

黑啄木鸟的食物包括黄蜂的幼虫、蜜蜂和其他的昆虫。然而除此之外，它们也会贪婪地吞食一些水果、浆果和坚果。

雌鸟会在老树的树洞中产下两三枚象牙白色的卵。

雌雄黑啄木鸟在羽毛方面差异不大，雄性黑啄木鸟最大的特征是头冠部为猩红色，而雌鸟只有后头部位为猩红色；其他的羽毛部分为深黑色；虹膜为黄白色；眼睛周围裸露的一圈和足部为黑色；鸟喙为角色，尖端为黑色。

幼年雄鸟的主要特征是淡灰色的虹膜；头冠部有红黑相间的斑点，这些斑点在成年后逐渐变为整齐明亮的猩红色。

成年黑啄木鸟的体长大约有38厘米；我们彩图中展示的是一只雄性和一只雌性黑啄木鸟。

绿啄木鸟

英文名 | *Green Woodpecker*　拉丁文名 | *Picus viridis*

绿啄木鸟

攀禽／䴕形目／啄木鸟科／绿啄木鸟属

绿啄木鸟是最普通、最常见的一种典型啄木鸟。它们在自然生物家族中的位置似乎在美国的扑翅䴕属鸟类和典型的攀禽类鸟类之间。后者在生活习性、行为特点和食物方面都是严格的树栖性的，而前者则鸟喙尖细，更属于陆栖鸟类。

绿啄木鸟属大约包含了8～10个有鲜明特征的物种，都是旧大陆特有的物种，但是其中有两种，绿啄木鸟和灰头绿啄木鸟在欧洲比较常见。而它们在欧洲的地位似乎与扑翅䴕属鸟类在美国的位置相同。

绿啄木鸟这种我们熟悉的鸟类常常栖息在英国的各个地区，山林和森林是它们最喜欢的栖息地。它们会发出吵闹的音符或在树木间无休无止地寻找昆虫，这样总是能将它们在幽深的森林中的踪迹暴露出来。绿啄木鸟的舌头长，而且伸缩自如，可以伸进树皮中，将藏匿其中的昆虫捆绑出来，然后吞进腹中。不过绿啄木鸟也会飞到地面上寻找蚂蚁、蜗牛、蠕虫和其他的食物。若是有水果、胡桃和浆果，它们也不会拒绝拿来暂时果腹。绿啄木鸟会将卵产在腐烂的树洞中，在必要时也会自己啄出合适大小的树洞。绿啄木鸟的卵为光滑的亮白色，有4～6枚。

绿啄木鸟在我们的岛屿上是一种留鸟，终年陪伴着我们，从幼年到成年羽毛不会经历变化。头冠部、后头部以及两颊的胡须或条纹为亮红色；脸部为黑色；上体表为亮绿色；尾部有黄色的着色；下体表为淡灰绿色；飞羽为棕色，有交叉的黄白色条纹；尾羽为棕色，有浅色的横纹；鸟喙和腿部为灰绿色；虹膜为白色。

雌性绿啄木鸟与雄鸟在外观上只有很小的区别：其一，雌鸟的个头要小很多；其二，胡须的颜色不是红色而是黑色。

我们在彩图中绘画的是一只成年雄性绿啄木鸟和一只第一个秋天的幼鸟。

旋木雀

英文名 | *Eurasian Treecreeper*　拉丁文名 | *Certhia familiaris*

旋木雀

鸣禽 / 雀形目 / 旋木雀科 / 旋木雀属

旋木雀属在目前只包含两个物种,彩图中描绘的旋木雀是目前在欧洲发现的唯一一种该属鸟类,而另一种旋木雀鸟类则来自喜马拉雅山脉地区。后一种鸟类是由维戈尔先生描述并且命名的。他命名的这一物种与它们在欧洲的近亲旋木雀有十分强的相似性。两者的区分就在前者的尾羽上有棕色斑纹,而且个头要稍微大一些。

普通旋木雀在整个欧洲的分布似乎都很广,但是据特明克先生说,越靠近俄国和西伯利亚北部地区旋木雀就越罕见。这一点似乎很好解释,因为越到高纬度地区,严寒的天气下能生存的昆虫自然越少。

在不列颠群岛上,旋木雀是一种留鸟。而在这里旋木雀的分布也十分广,不过在山林和种植园密集的地区旋木雀的数量当然更多。旋木雀也常常到访人类的花园和果园,在那里人们能够听见它们低低的尖叫声,与金冠戴菊不无相似之处。

旋木雀是一种出色的攀禽,可以迅速地爬上大树高处的枝干寻找昆虫。这些昆虫是它们赖以为生的唯一食物。它们的翅膀坚硬而有弹性,结合着长长的后趾以及弯曲的脚爪,成了专门用于攀爬树木的利器。

它们的巢穴通常建在腐烂树木的树洞中,用青草和苔藓建成,内衬为羽毛。鸟卵通常有7~9枚,为白色,有红棕色的斑点。

头部和上体表为黄棕色,有黑色、棕色和灰白色的杂色;尾部为淡栗红色;前四根飞羽为暗黑色;其他中央有宽阔的红白色条纹,尖端为白色;尾羽为灰棕色;眼睛上方有白色的条纹;喉部、胸部以及下体表为白色,至肛门部位变为赭黄色;上颚为暗黑色,下颚为黄白色;腿部和爪趾为黄棕色。

雌鸟和雄鸟的羽毛几乎相同。

我们彩图中描绘的是一只成年旋木雀。

戴胜

英文名 | (Eurasian) Hoopoe　　拉丁文名 | Upupa epops

戴胜

攀禽／戴胜目／戴胜科／戴胜属

要论优雅的外形和非凡的行为特点，戴胜在整个鸟类大家族中也要算是佼佼者。尽管戴胜在不列颠群岛上不是一种留鸟，也算不上是定期到访的候鸟，但是它们还是会不定期地游荡到这里。这样在戴胜自然习性和栖息方式方面，我们就有机会获得足够多的信息。

戴胜所在的属只包含十分有限的物种，目前鸟类学家们确认的只有3种。我们欧洲的戴胜应该算是一种候鸟，它们的自然栖息地范围很广阔。在整个非洲地区似乎都能看到它们的踪影；印度和中国也属于戴胜的栖息地。来自中国和喜马拉雅山脉地区的样本完全能够证明这一点。在欧洲大陆上，从最南端到最北端都有戴胜的身影，但是还是在南方它们的数量更丰富一些。在这些地区它们是定期到来的旅鸟。但是它们的到来还是要受到它们的食物活动的影响。圣甲虫幼虫，以及其他生活在潮湿地表及地下的昆虫构成了戴胜的主要食物。除此之外，蝌蚪、小青蛙和蠕虫有时也会被加入到它们的餐谱中。正如我们都会注意到的那样，在不列颠群岛上，戴胜的出现很不规律，在一些季节中十分罕见，而在另一些季节中则比较常见。当它们常常来访的时候，它们活泼的举动和稀罕的外形却十分不幸地为它们引来了大批的迫害者。然而，记录中还有少许例证，证明了有少数戴胜也会在我们的岛屿上繁殖。我们自然能够想到，戴胜在英国的首次露面是在英国的南方海岸。时间通常在5月份；接着它们就会从这里分散到整个岛上，就连我们最难以想象的地方都是戴胜的栖息地。但是总体来说，它们最喜欢的栖息地还是低矮地区的茂密灌木丛、小树林和幽静的山林。它们似乎不会有意地隐藏自己，常常会栖在最显眼的高枝上，还会时不时地竖起或垂下美丽的扇形羽饰，似乎有意要吸引人们的注意力。但是尽管戴胜栖息在树上，但是它们却不是一种严格的树栖性山林鸟类。这一点我们可以从它们独特的腿部和爪趾看出来。大自然并不会安排拥有这样结构的鸟类完全生活在山林树木上。它们的爪趾脆弱无力，因此根本没有足够的力量和能力去攀树觅食。戴胜飞行缓慢、不平稳，这一点与啄木鸟家族的鸟类相似。

在英国人们常常捕获一些戴胜样本。要列举这些捕获戴胜的实例对于我们了解戴胜鸟儿没有什么益处。但是我们还是不得不提起一个例证。我们熟悉这一例证的发生。1832年9月28日，沙利文先生在位于米德尔赛克斯郡富勒姆布鲁姆酒店的他自己的游乐场中射杀了一只戴胜鸟。从季节更替的推迟来看，我们也倾向于认为，它在附近的地区繁殖育雏了。只要有可能，戴胜会选择各种环境来筑巢繁殖。树洞、岩石裂缝、墙缝或砖孔、地洞或粪堆都能成为戴胜的筑巢地。鸟卵通常有5枚，底色为浅灰色，有深灰色的斑块。

幼鸟很早就会长出成年鸟儿的羽毛。雌鸟和雄鸟的羽毛基本一致。

头部、颈部和肩膀羽毛的基本颜色是漂亮的浅黄色；头上方有两列长羽毛，从鸟喙基部开始至后头部结束，这部分羽毛可以自由地竖起，形成扇形的羽饰；这些羽毛的尖端都为黑色；翅膀覆羽以及肩胛部位为黑白相间的斑纹；飞羽为黑色，有白色的倾斜条纹；尾部为白色；尾羽为黑色，中央有白色的条纹；侧腹和下尾羽覆羽为浅灰黄色，有暗淡的棕色斑纹。

我们彩图中绘画的是两只成年戴胜鸟。

红翅旋壁雀

英文名 *Wallcreeper*　拉丁文名 *Tichodroma muraria*

红翅旋壁雀

鸣禽／雀形目／旋壁雀科／旋壁雀属

　　这种鸟儿漂亮的身形和颜色会让大多数人误以为它们是一种热带鸟类；然而，红翅旋壁雀事实上完全是一种欧洲本地鸟类。不过，红翅旋壁雀在欧洲的栖息地几乎完全局限在欧洲大陆的中部和南部。和其他大部分小型鸟类不同，红翅旋壁雀常常光顾裸露的陡峭山崖，比如瑞士的阿尔卑斯山脉、亚平宁山脉和比利牛斯山脉。在这些高耸入云的岩石间，甚至常常还会在废弃的城堡和堡垒间，人们可以看见红翅旋壁雀从一个裂缝处迅速地划过，又在另一个裂缝处出现，俏丽的身影仿佛让荒原也苏醒了过来。

　　红翅旋壁雀在选择食物方面比较挑剔。它们对于蜘蛛和蜘蛛卵情有独钟。除此以外，仅仅会拿各种昆虫和它们的幼虫来果腹。为此，红翅旋壁雀在一天当中的大部分时间里都在寻找食物，但是它们却不会像真正的旋木雀那样在岩石上或墙壁上爬上爬下，而是从一个裂缝或突起跳向或飞去下一个裂缝或突起。因此我们看见红翅旋壁雀的尾羽比较脆弱，因为它们不需要像旋木雀或啄木鸟那样坚韧的尾羽来支撑它们在垂直的墙壁或树干上攀爬。红翅旋壁雀的爪趾细长，有异常的抓握力。因此它们可以抓握住任何的支撑点来暂时休息。联系到它们的生活习性以及栖息环境与它们的捕食方式，我们不难看出红翅旋壁雀巧妙地利用了它们的天赋。它们的鸟喙细长、足部有力、翅膀宽阔圆滑，因此飞行能力强，速度极快。这些都让它们适合栖息在高山之上。

　　红翅旋壁雀一年会经历两次换羽，一次在春天，一次在秋天。除了在繁殖季节外。雌鸟和雄鸟在羽毛方面没有差异。但是在繁殖期间，雄鸟的喉部为黑色，头冠部的灰色羽毛颜色更深。在秋季换羽还未完全展开的时候，这些部分的羽毛就改变了，标志性的斑纹消失了；这时雄鸟和雌鸟就再次无法区分了。

　　彩图中绘画的是一只雄性和一只雌性羽翼丰满的红翅旋壁雀。

大杜鹃

英文名 *Common Cuckoo* 拉丁文名 *Cuculus canorus*

大杜鹃

攀禽／鹃形目／杜鹃科／杜鹃属

众所周知，大杜鹃是一种迁徙鸟，关于这一点我们并没有更多可以补充的。事实上，大杜鹃是一种最著名的报春鸟。在冰冻的大地即将从冬日的沉睡中苏醒过来的时候，大杜鹃总是率先发出熟悉的欢乐鸣叫声迎接春天的回归。

和大部分夏候鸟一样，大杜鹃的食物也主要包括昆虫，尤其是毛毛虫、幼虫，等等。这一点也佐证了大杜鹃会飞去这类食物充足的地方度过冬季。因此，非洲作为众多我们的夏候鸟的过冬之地，也自然地成了大杜鹃喜欢的越冬地。大杜鹃几乎分布在欧洲的所有地区，以及非洲和亚洲的大部分地区。来自喜马拉雅山脉地区和印度地区的大杜鹃样本和我们岛屿上的大杜鹃几乎完全一致。大杜鹃并不会为了产卵和孵卵而建造巢穴，而是将鸟卵产在其他一些体型小很多而且以昆虫为食的鸟类巢穴中。通常被大杜鹃选来当自己幼鸟的养父母的鸟类包括云雀、林岩鹨等。在这些鸟类的巢穴中，大杜鹃产下自己的卵；但是究竟是否只有一枚卵，这一点目前还存在争议。但是更可能的情况是，大杜鹃一窝产下几枚卵，但是分别将卵放进不同的巢穴中。在大杜鹃的鸟卵和其他鸟儿的卵孵化后不久，杜鹃幼鸟就足够强壮，可以将其他的鸟儿推出巢穴之外。这样它们就成了巢穴的唯一占有者。事实上，大杜鹃幼鸟的体型很大，胃口也不小，因此若是其他的幼鸟不被推出去，它的养父母们也根本养活不了它。

不列颠博物馆的格雷先生从自己的观察中判断，大杜鹃并不像人们猜测的那样会完全抛弃自己的幼鸟，相反，大杜鹃依然留在自己鸟卵所在的巢穴附近，会在杜鹃幼鸟羽毛长齐学习飞翔的时候尽全力地保护着幼鸟。在每年的8月份，大杜鹃会再次迁徙。成年杜鹃鸟几乎都是在这一时间离开，因为我们知道成年杜鹃总是比它们的幼鸟先行一步。9月份，当年的幼鸟才会离开这个国家。

雄性大杜鹃和雌性大杜鹃非常好区分。首先，雄鸟的个头最大，也最强壮。其次雄鸟的整个颈部和胸部为亮灰色，而雌鸟的胸部两侧有模糊的棕色光泽。

在早春的几个月里解剖这种鸟儿时，我们不难发现它们的喉部膨胀度极大，覆膜为亮橙色；造成这种表现的原因我们目前还不能给出十分让人满意的答案。但是我们猜测这或许与发声器官有关。另外，大杜鹃的胃里还有无数的毛发，这个问题在过去的很长时间里一直让博物学家们十二分好奇。但是现在人们普遍认为这些毛发来自大杜鹃囫囵吞下的不计其数的毛毛虫。

大杜鹃的幼鸟与成年大杜鹃差异巨大。最初幼鸟的上体表为深棕色，边缘和斑点为红棕色，前额的羽毛边缘为白色，头部有一小块相同颜色的斑纹，喉部和下体表为黄白色，有黑色的横纹，虹膜为棕色，腿部为淡黄色。幼年雌性大杜鹃红棕色羽毛部分颜色要更深一些，头后部只有一小块白色的痕迹。

成年大杜鹃的头部、颈部、胸部和上体表为蓝灰色，在翅膀覆羽上这一颜色最深。下体表、大腿部位以及下翅膀覆羽为白色，有黑色的横纹；飞羽的内羽片上有椭圆形的白色斑点。尾羽为黑色，羽茎上有椭圆形的白色斑点，羽尖为白色；鸟喙尖端为棕黑色，基部为黄色；喙裂和眼睑为亮橙色；虹膜为橙黄色，腿部和足为柠檬黄色。

我们彩图中描绘的是一只成年大杜鹃和一只第一年秋季的幼鸟。

大斑凤头鹃

英文名 | *Great Spotted Cuckoo*　拉丁文名 | *Clamator glandarius*

大斑凤头鹃

攀禽／鹃形目／杜鹃科／凤头鹃属

关于这种鸟类的生活习性和行为特点，我们目前还知之甚少。因此大斑凤头鹃究竟会和普通的杜鹃一样将自己的卵送去其他鸟类的巢穴中还是会像一般的鸟儿那样自己筑巢、孵卵，这个问题我们也还没有确定的答案。大斑凤头鹃在欧洲大陆上的分布十分稀少，因此博物学家们和爱好观察自然的人们都缺少机会来观察这种鸟类，尤其是它们的筑巢和繁殖习惯。

它们真正的自然栖息地在北非地区酷热平原四周的山林中。但是也有少数鸟类飞过了地中海，在西班牙和意大利找到了合适的气候条件，并且留了下来。但是在此以北的地方，大斑凤头鹃就很罕见了。

特明克先生在他珍贵的作品中讲述了这种鸟类全部的羽毛变化过程，在本书中我们要冒昧地引用其中的一些段落。大斑凤头鹃的个头要比普通的杜鹃鸟个头大一些，而其最典型的特征要数头上漂亮的丝状羽冠，次第渐长的修长尾羽，线状和管状的鼻孔以及相对比较坚硬的鸟喙和足部。老年雄性大斑凤头鹃的羽冠、整个头部和两颊为灰色，随着年龄渐长而渐深；这些部分的羽茎为棕色，羽片基部为白色；从眼睛部位开始至后头部再至颈背部位有一条灰黑色的斑纹；背部、尾部、肩胛部位和翅膀覆羽有灰棕色的着色以及略微的绿色光泽，这些羽毛的全部羽尖上都有一个白色的斑点，斑点的大小和颜色纯度随着年龄而变化；幼年和中年鸟儿的斑点比成熟和老年鸟儿的斑点更大更清晰。主翼羽为深棕色，边缘为灰色，尖端为白色；尾羽为灰棕色，末端为纯白色；喉部以及胸部为红白色；腹部和下尾羽覆羽为纯白色；足部为深棕色，接近下体表为黄色；鸟喙尖端为棕黑色；下颚基部为黄红色。

彩图中展示的是一只雄性大斑凤头鹃，接近成熟。

BIRDS OF EUROPE
VOLUME IV
RASORES

卷 四

抓 地 觅 食 家 禽

斑尾林鸽

英文名 *Wood Pigeon*　拉丁文名 *Columba palumbus*

斑尾林鸽

陆禽／鸽形目／鸠鸽科／鸽属

斑尾林鸽，又名斑鸠，是欧洲同属鸟类中身材最大的一种。它们在整个欧洲大陆上都十分常见，因此也是遐迩闻名。但是相比较而言，斑尾林鸽在欧洲南部数量更多，而且也更加稳定。斑尾林鸽主要在山林和森林中栖息，各类谷物、一些植物的嫩叶、玉米、山毛榉坚果和橡子都是它们的食物。在不列颠群岛上，斑尾林鸽常常栖息在大片幽静的山林地区。在夏季，它们以幼嫩三叶草的叶子、青玉米、豌豆、豆子等为食；在气候恶劣的冬季，斑尾林鸽就会成群结队地飞到萝卜田中，或者山林中去寻找浆果以及更坚硬的橡子和其他树木的果实。

早春时节，这些鸟儿就开始求偶繁殖；它们将一些小树枝稀疏地放在一起，搭成一个扁平而薄的巢穴。小树林或种植园中的冷杉树是它们最喜欢的筑巢地。巢穴常常被建在冷杉树距离地面3.5～5米的水平枝干上。鸟卵通常有两枚，为椭圆形，白色；斑尾林鸽常常用玉米粒柔软的部分来喂养自己的幼鸟。在一个繁殖季节中，一对斑尾林鸽通常能够孵化2～3对幼鸟，而且通常一对幼鸟当中都包括一只雌鸟和一只雄鸟。鸟类学家们认为，这种鸽形目下的物种似乎从来不会在圈养条件下繁殖。蒙塔古先生说："我们付出了巨大的艰辛，想驯化这种鸟儿；可是尽管我们费尽艰辛在室内驯养斑尾林鸽，但是无论是用斑尾林鸽，还是斑尾林鸽与普通家鸽，我们仍然从来没有获得过一窝幼鸟。我们将两只斑尾林鸽与一只雄性家鸽放在一起饲养。它们都很驯服，甚至会从人的手上啄取食物。但是到了春天，它们也没有表现出繁殖的迹象。在6月份，我们打开了窗子，以为家鸽会带着它们回到一贯的住处寻找食物或休息，但是它们迅速地恢复了以前的生活习性，飞走了。从此，我们再也没有见到这两只斑尾林鸽，倒是这只家鸽返回来了。"

为了鼓励那些有兴趣和机会继续从事这方面试验的人，我们还想再补充一些这方面的信息，因为我们认为培养这样一个大型的珍贵物种是非常有必要的。在摄政公园动物学会花园中的鸽房里有这样的一对鸟儿。它们筑起了巢穴，并且产下了两枚卵。雄鸟帮助雌鸟进行孵化工作。但是在这期间，鸟卵不幸地被一同圈养的其他同属鸟类给打破了。同时圈养的鸟类有很多，但是大多数都与斑尾林鸽是同属鸟类。

头部、翅膀覆羽、肩胛部位都为深蓝灰色；颈前部和胸脯部位为葡萄酒红色，有漂亮的绿色和铜色的光泽，在不同灯光下颜色会发生变化；颈两侧分别有一大块亮白色斑纹；背部和尾部为灰色，后者末端为黑色；肛门部位和大腿部位为白色，有灰色的着色；小翼羽几乎为黑色，相近的小部分覆羽为白色，至大飞羽形成一条线，而大飞羽是暗灰色，边缘为白色；鸟喙为淡肉色，尖端为红橙色；腿部和足部为红色。

与同属大部分物种一样，斑尾林鸽拥有高超的飞行能力。雌性和雄性斑尾林鸽的个体之间没有羽毛的差异；但是雄鸟的身材更大。

在第一次换羽之前的幼鸟颈两侧没有白色的斑纹，而且羽毛也没有成年鸟儿那么绚烂有光泽；整体颜色也更加杂乱和模糊。

我们彩图中描绘的是一只老年和一只幼年斑尾林鸽。

欧鸽

英文名 *Stock Dove* 拉丁文名 *Columba oenas*

欧鸽

陆禽／鸽形目／鸠鸽科／鸽属

尽管在羽毛和总体外形方面，欧鸽都与我们很多的家鸽品种十分相似，但是家鸽并不是从欧鸽培育而来的；很多的欧洲家鸽其实是从欧鸽的一个近亲——原鸽培育而来的。原鸽的自然栖息地局限在岩石间、高塔和废墟中，但是欧鸽却更喜欢栖息在山林地中。它们在中空的树木中筑巢，在树干上栖息。除了在栖息地的选择方面有较大的差异，我们还发现欧鸽缺少各种家鸽标志性的斑纹。这主要是指尾部和上尾羽覆羽上显著的白色条纹。这一点同样也是欧鸽与原鸽之间的一个区别。在欧鸽身上，我们看到该部位和身体其他部分的羽毛一样，都是铅蓝色。

欧鸽分布在欧洲中部的所有国家中，在欧洲北部和南部地区都相对没有那么常见。在英国的一些内陆地区可以看到它们的踪影，尤其是赫特福德郡和相邻的郡区。因为这些地方覆盖着一些茂密的山林。

欧鸽在颜色和外形方面的典型特征都得到了真正的进化：在行为特征方面，欧鸽与斑尾林鸽十分相近；然而，在一些小的方面也有不同，比如，巢穴所处的环境和它们在繁殖季节表现出的更加羞怯和隐逸的性情。它们最喜欢的筑巢地在公园、山毛榉林以及古树参天的森林中。它们通常将鸟卵产在树洞中，有时会建一个小巢穴，有时几乎不会建巢穴。这一点与同属的大部分鸟类习惯相同。它们一窝会产下两枚纯白色的卵。它们的食物包括豌豆和其他豆类植物的种子。另外它们也会吃绿色的萝卜叶子和其他的蔬菜。

雌鸟和雄鸟在羽毛方面几乎没有区别。幼鸟几乎与成熟鸟儿一致，只是它们的颈两侧羽毛缺少绿色的多变化光泽，而且整体羽毛都更加暗淡无光泽。

我们彩图中展示的是一只成年欧鸽。

原鸽

英文名 *Rock Dove*   拉丁文名 *Columba livia*

原鸽

陆禽／鸽形目／鸠鸽科／鸽属

　　无数盘踞在我们的鸽舍和鸽棚中的家鸽都是从这种优雅美丽的小鸟培育而来，如今这已经是世界范围内公认的事实。欧鸽完全是一种候鸟，并且严格地栖息于山林。原鸽标志性的白尾即使在圈养时也会被幼鸟继承下来，而且如果在鸽子爱好者们高超的培育技术下，经过几代的繁育，这样的标志性羽毛从幼鸟身上消失了，即使这样在继续繁殖中，这样的羽毛还是会继续表现在后代幼鸟身上。要阻止这种遗传特征的出现，他们就不得不对这些鸟儿进行更多的杂交繁育。至于我们的家鸽表现出来的身材和外形的差异，我们只需要说它们表现出了人类的控制对它们的影响，这与人类对狗、绵羊和牛的影响是一致的。长久的经验教给我们，有一件事一定是确定的。那就是，驯化总是明显地倾向于体型的增长以及外形和颜色的变化。

　　原鸽的自然栖息地分布在整个欧洲和非洲的大部分地区，尤其是非洲北部地区。海洋附近的岩石、岛屿、悬崖峭壁和海岸边的腐朽建筑都是它们喜欢的栖息地。在地中海岸边和特内里费岛上，原鸽的数量尤其的丰富。而在我们的岛屿上，奥克尼群岛以及威尔士海岸边是原鸽最喜欢的栖息地，自然在这里它们的数量也最多。

　　与同属的其他物种一样，原鸽一窝会产下两枚白色的卵。它们的繁殖地通常在岩石壁架上。而且原鸽据说在一个繁殖季节中会繁殖2～3次。

　　它们的食物主要包括谷物和各种种子。据蒙塔古先生说，原鸽也会吃各种陆生蜗牛。

　　雌鸟和雄鸟的羽毛颜色相似，基本特征如下：头部、面部和喉部为深蓝灰色；颈部和胸部为漂亮的绿色和紫色，在不同的光照下颜色会发生变化；上下体表为细腻的蓝灰色，只有尾部为白色；翅膀上有两条清晰的黑色斑纹；飞羽和尾羽为深灰色，后者尖端为黑色；鸟喙为棕色；腿部和虹膜为红色。

欧斑鸠

英文名 | Turtle Dove　拉丁文名 | Streptopelia turtur

欧斑鸠

陆禽／鸽形目／鸠鸽科／斑鸠属

当冬天过去的时候，很多小鸟儿飞回来了，并用欢乐的鸣声唤醒了沉睡的山林。而在众多的报春鸟中，欧斑鸠这种迷人的小鸟一直获得人们的普遍喜爱。在任何时代和每一个地方，欧斑鸠一直是公认的诗人们笔下安宁与和平的象征，也是渲染和谐乡村气息的点睛之笔。

欧斑鸠在每年的4月份出现在我们中间；但是，和同一时间到达的其他鸟类一样，它们到来的时间受到季节气候的影响。一旦来到我们的岛屿上，欧斑鸠就会立即飞去我们岛屿上的茂密山林，尤其是内陆地区和南部郡县。当树木长出足够的绿叶，能够为它们提供庇护，欧斑鸠就会开始筑巢繁殖工作。它们不挑剔树木，但是冷杉树和树干上爬满常春藤的树木更受它们的喜欢。在这些树冠中，它们会建起扁平粗糙的巢穴。巢穴的主要材料是一些平直的树枝，杂乱不堪、毫无章法地堆放交缠着。雌鸟会在其中产下两枚卵，为非常纯净的白色。鉴于巢穴制作的手法非常的简陋和粗鲁，我们甚至能够透过巢穴的众多缝隙看到这些鸟卵。

欧斑鸠的求偶方式总体上与其他的鸽子相似。雌鸟和雄鸟轮流孵卵，共同分担孵卵和育雏的工作。第一个秋季的幼鸟只有颈部有白色的痕迹，羽毛尖端有清晰的浅棕色。在9月份和10月份，这些幼鸟和它们的雏鸟都会离开我们，飞到英吉利海峡对岸的欧洲大陆。从那里，这些欧斑鸠还会继续向南方更温暖的地区飞去。但是，欧斑鸠在整个欧洲大陆上的分布都很丰富。欧洲北部地区也能看见它们的踪影。只是在北极圈以内，就很难见到它们了。欧斑鸠在总体生活习性方面是有着严格迁徙性的。如果允许我们猜测的话，我们认为非洲北部，尤其是非洲海岸边的山林地区是它们的过冬之地，因为我们知道我们的众多夏候鸟都是这样的情形。它们的食物包括谷物和蔬菜。为了寻找豌豆和其他的植物种子，欧斑鸠常常会飞去田野中。

我们彩图中展示的是一只成年雄性欧斑鸠。

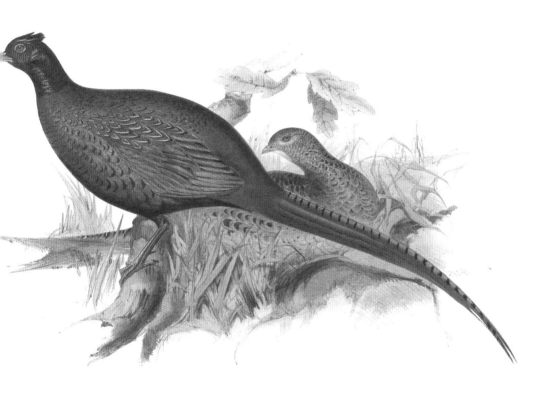

环颈雉

英文名 *Common Pheasant*   拉丁文名 *Phasianus colchicus*

环颈雉

陆禽／鸡形目／雉科／雉属

这种鸟类被引入欧洲已经有很长的时间，因此现在环颈雉或许能够在欧洲动物群中占据相应的位置；然而，环颈雉看起来却不是在欧洲土生土长的鸟类。不过，我们完全有理由认为在很早以前环颈雉被从西亚地区引入了过来。历史将这一殊荣归给了贾森先生。在他著名的旅行探险中，贾森先生在里奥尼河河岸边发现了环颈雉，并将它带回了欧洲。自此以后，不断有不同的国家对这个名字进行调整，因此就出现了拉丁语中的Phasianus、英语中的Pheasant、法语中的Faisan、意大利语中的Faisiano等。

我们相信这种声名远播的鸟儿的生活习性以及行为特点已经为人们所熟悉，因此我们就不再重述，而是引用蒙塔古和塞尔比先生发表的一些准确的详细描写。这主要是关于环颈雉的羽毛变化，它们易患的疾病，等等。

它们的巢穴浑然天成，通常建在长草丛中或者茂密的小灌木丛中，时常也会建在三叶草田中；鸟卵为透亮的暗绿色，一般有10~14枚。6月份和7月份，幼鸟被孵化出来，会一直与雌性亲鸟在一起，直到第一次换羽之后长出成年鸟儿的羽毛。第一次换羽的时间通常是9月初，10月中旬才能完成。

成年环颈雉的食物在冬季主要包括谷物和植物的种子，而在春季和夏季则是植物根茎和昆虫；但是亲鸟总是用后者来喂养幼鸟。塞尔比先生说："我观察到毛茛这种常见的苦涩的草地植物的根茎尤其受到环颈雉的喜欢，在五六月份构成了环颈雉的主要食物。郁金香的根茎也是它们不会放过的一顿美餐，在鸟喙和爪趾的帮助下，无论这些食物埋在多深的地下，它们都能将其挖掘出来。"

我们彩图中绘画的是一只成年雄性和雌性环颈雉。

松鸡

英文名 *(Western) Capercaillie*　拉丁文名 *Tetrao urogallus*

松鸡

陆禽／鸡形目／松鸡科／松鸡属

这种高贵的鸟类是松鸡属中体型最大的物种。它们曾经在苏格兰的森林中很常见，很可能在我们岛屿上的北部地区也很常见。但是几个世纪以来，它们的数量越来越少，已经将近灭绝。塞尔比先生告诉我们："40年前苏格兰地区这一物种的最后一个个体已经在因弗内斯被捕杀了；在这之前这一物种就已经在爱尔兰灭绝了。"

人们若是想看到野生的松鸡，就必须去覆盖着挪威和瑞典大部分地区的原始森林中了。每年那里都有这种著名的松鸡被当作猎物捕获，并被送到了我们的市场上。尽管在这些国家野生松鸡的规模最大，但是在整个欧洲大陆的荒野山区，凡是有茂密的松树林能够为它们提供栖息地和食物，松鸡就一定会出现在那里。

在生活习性和性情方面，松鸡和黑琴鸡与真正的松鸡属鸟类有很大的区别；事实上，它们更属于树栖性的鸟类，它们的爪底有一层角质，容许它们稳稳地停在光滑平缓的松树和其他高山树木的树干上。当繁殖季节来到时，雄鸟就会变得十分活跃。它们会栖在密林深处的某个高枝上，大声地重复着它们最优美的鸣声来邀请雌鸟。但这样的行为往往使它们成了猎人们的狩猎目标；因此在每年的4月份和5月份，伦敦的市场中就常常摆满了雄性松鸡。这些松鸡都处在羽毛最丰满美丽的时候。雄鸟的身材优雅，羽毛绚丽，远远超过了雌鸟。

松鸡要属于严格的多配偶鸟类，除非在繁殖季节，雌鸟和雄鸟都是各自栖息。雌鸟也独自在隐蔽的巢穴中孵化、养育幼鸟：它们的巢穴通常建在蕨类植物中或茂密的小灌木丛里。鸟卵有8～16枚，为黄白色，有深黄色的斑点。

第一个秋季的雌雄幼鸟都与雌性亲鸟相似；但是在春季到来时，雄鸟就会长出优雅美丽的羽毛。

松鸡的食物包括高山浆果、松针、蜗牛等。

我们彩图中描绘的是一只雄鸟和一只雌鸟。

黑琴鸡

黑琴鸡

陆禽 / 鸡形目 / 松鸡科 / 琴鸡属

欧洲似乎是这种高贵的物种在世界上的唯一自然栖息地。如果黑琴鸡在世界的其他地区出现，成为它们的第二个栖息地的或许会是西伯利亚地区。但是究竟在这一地区是否栖息着黑琴鸡，我们目前还没有准确的信息。在欧洲大陆上，黑琴鸡普遍地栖息在俄国、挪威、瑞典、德国、法国和荷兰的某些地区。塞尔比先生既是一位自然学家，同时又是一位狩猎爱好者。他在英国鸟类方面的杰出作品几乎家喻户晓，因此我们就不再多作溢美之词。他对黑琴鸡的行为特点和生活习性的描述细致入微，我们相信在此转录这位先生的观察一定会得到他的原谅：

"当前的这一物种栖息地局限在英格兰南部地区的少数荒野，比如汉普郡的新森林、达特穆尔高原、德文郡的塞奇高沼和索美塞特郡的荒原。在斯塔福德郡和北威尔士的一些地区也有少量的黑琴鸡，在这些地区它们得到了严格的保护。在诺森伯兰郡，黑琴鸡的数量十分大，在过去的一些年里，它们的数量得到了迅速的增长。这可能要归功于该郡的高海拔地区拥有的大规模的种植园。在这一阶段这些种植园得到了很好的发展，因此为黑琴鸡提供了充足的食物和良好的保护。在整个苏格兰高地，黑琴鸡也十分丰富，同样在赫布里底群岛也能常常见到这种鸟类。荒原和高山地区的山岭沟壑中生长着野生的桦树、桤木和柳树，交叉其中的沼泽湿地上也长满了茂盛的野生植被，还有树木繁茂的幽深峡谷，这些都是最适合黑琴鸡生活习性，有利于它们大量繁殖的栖息地。在秋冬季节，雄鸟会聚集到一起，共同行动，但是在三四月份就会分开。黑琴鸡的配偶类型是一雄多雌制，因此在求偶季节，雄鸟就会分别占据一片树木，在最有利的高枝上栖息下来。其他的雄鸟一旦闯入，就会遭到它们的驱赶。若是雄鸟太多，竞争激烈，惨烈的斗争就会发生。选好了领地之后，雄鸟每天清晨和傍晚就会早早地开始大声鸣叫，邀请异性前来。伴随着啼叫，它们还会做出很多动作姿态，和雄性火鸡不无相似之处，而鸣叫声则与磨长柄大镰刀的声音相似。在这个季节中，雄鸟的羽毛也最丰满绚丽，而它们眉毛部位的红色皮肤也是最鲜艳的。在繁殖季节过后，雄鸟之间的敌意和仇恨消失了，它们也重新聚集到一起，十分和谐地相处着。

"雌鸟在5月份产卵；卵通常有6~10枚，为黄灰色，有红棕色的斑点。它们的巢穴是最粗糙拙劣的建筑，通常建在草丛或小灌木丛下的地面上。一堆干草茎胡乱地堆叠在一起就成了它们的巢穴。在潮湿的沼泽地，粗糙的野草最茂盛的地方，我们最常能见到这些巢穴。雌性和雄性幼鸟起初十分相似，羽毛与它们的雌性亲鸟相同。这些幼鸟在第一次秋季换羽之前会一直与它们的母亲在一起。这时候雄性幼鸟就会长出成熟雄鸟的羽毛，接着离开它们的雌性亲鸟，加入到它们的同性队伍中去。黑琴鸡的夏季食物主要包括各种灯芯草属植物的种子、石楠的嫩芽以及昆虫。在秋季，十分丰富的蔓越莓、越橘、野草莓等浆果会成为黑琴鸡的主要食物。而在冬季，天气恶劣、大雪纷飞的时候，它们则主要食用桦树、桤木以及各种松树的幼芽。鉴于黑琴鸡可以毫无困难地栖上枝头，因此获得这些食物对它们来说并不困难。在一年当中的这些时候，若是它们栖息的荒林附近也有一些耕田，它们也会飞下来寻找谷物等食物。

"成年黑琴鸡性情十分羞怯。经过秋季换羽之后，猎人们就很难靠近它们了。人们做了多番尝试，试图驯化这种鸟类，但是都没有成功。人们也做了各种的试验，但是这种鸟类在圈养情况下似乎从来都不会繁殖。"

雄鸟的头部、颈部、胸脯部位、背部和尾部为黑色，有紫色和蓝色的光泽；腹部、翅膀覆羽和尾羽为深黑色；副翼羽尖端为白色，与相邻的覆羽形成了翅膀上的斑纹；下尾羽覆羽为纯白色；腿部羽毛为灰黑色；鸟喙为黑色；足部为棕色。

雌鸟的头部、颈部、整个上体表和尾羽为橙棕色，有黑色的斑块和光泽；胸脯部位和下体表为淡棕色，有棕色和黑色的斑纹；下尾羽覆羽为白色，有黑色的光泽；鸟喙和足部与雄鸟相同。

我们彩图中绘画的是一只成年雄性和一只成年雌性黑琴鸡。

柳雷鸟

英文名 | *Red Grouse*　　拉丁文名 | *Lagopus scoticus*

柳雷鸟

陆禽／鸡形目／松鸡科／雷鸟属

柳雷鸟的肉味道鲜美,闻名于世,而喜欢狩猎的人们也格外钟情于这种鸟儿,因为在追逐这种鸟儿的过程中他们可以获得极大的乐趣。

柳雷鸟分布在我们岛屿上所有的荒野地区,在苏格兰、约克郡、维斯特莫兰德、坎伯兰郡、德比郡、威尔士以及爱尔兰许多地区的荒野中,它们的数量尤其丰富。但是在地球上的其他部分,柳雷鸟却几乎从没有出现过。这样的现象真的着实让人心生疑问,尤其是连飞行能力并不强过它们的黑琴鸡和雷鸟都栖息在高北纬度的大部分地区。柳雷鸟最喜欢的栖息地是那些宽广开阔的湿地和荒原,尤其是有着起伏蜿蜒的大丘陵地貌的地区。柳雷鸟在早春就开始求偶活动,并且开始筑巢育雏的工作。雌鸟一般会在三四月份产下鸟卵。幼鸟直到秋季会一直陪伴在亲鸟身边。秋季不同窝的柳雷鸟都聚集成大群,狩猎者喜欢将这时候的柳雷鸟群简称为鸟群。这些柳雷鸟会一直栖息在一起,直到第二年的春天。春天来到,它们就会在自然规律的驱使下择偶,然后成双成对分散到高沼地和荒野中去完成繁殖使命。

它们的食物包括鲜嫩的石楠果、越橘和蔓越莓的果实以及杨梅属中不同植物的果实;它们也很喜欢燕麦和其他的谷物,因此土地在它们栖息的荒原附近的农民们不得不常常要忍受柳雷鸟的骚扰。它们飞行迅速,常常可以在空中飞行很长一段距离。尤其是在8月上旬,猎人们刚刚开始狩猎这种精致的鸟儿,这时候一旦被枪声惊吓,它们就会倏地飞起,并且一直在空中飞行很久。

它们建造的巢穴很小,有时候根本不会搭建巢穴。每窝会产下8～12枚卵,为红白色,整体覆盖着很多深棕色的斑点。这些鸟卵通常被产在石楠丛中,也常常被产在洞穴或裂缝中,洞穴或裂缝底部仅仅铺衬着少数稀疏的青草。

彩图中展示的是一只雄性和一只雌性柳雷鸟。

岩雷鸟

英文名 | (Common) Rock Ptarmigan   拉丁文名 | Lagopus muta

岩雷鸟

陆禽／鸡形目／松鸡科／雷鸟属

　　大自然倾心抚养着她的子民们，高山栖息的岩雷鸟就是一种很好的例证。它们的生活习性和行为特征引导着它们去那些气候最为严峻的地区栖息，但是自然母亲也给了它们应对严寒最好的武装。在冬天临近的时候，岩雷鸟不仅会长出一身浓密的绒羽，而且羽毛的颜色也发生了很大的改变，几乎与它们所处的地面颜色一致。这样它们就不再容易被敌人发现，这对于它们的安全和生存来说都是极大的保护。

　　我们可以料想到，在性情方面，岩雷鸟并没有其他的松鸡科鸟类那样机警和胆怯，因此相应地，它们也相对地较少受到来自人类的骚扰。除此之外它们栖息的高海拔地区对于人类来说本身就是一道难以克服的天然屏障。岩雷鸟在欧洲中部的全部高山地区以及美洲大陆的北部地区都有广泛的分布；尽管在挪威、瑞典和俄国它们的数量较少，但是分布也还算普遍。在不列颠群岛上，岩雷鸟分布在苏格兰的全部高山地区，而且据说在以前的一段时期，威尔士的一些地区也栖息着一些岩雷鸟。

　　我们的彩图要比我们能给的任何文字描述都能更好地展示出岩雷鸟夏季和冬季羽毛之间存在的巨大差异；我们可以观察到，这样的变化是在换羽的过程中逐渐地形成的。

　　岩雷鸟的夏季食物包括各种高山植物的浆果，而冬季食物则主要是石楠的嫩芽；当高山被积雪所覆盖的时候，它们就会在厚厚的积雪中挖掘出洞穴，在里面寻找食物并且躲避恶劣的天气。它们在早春季节就会开始筑巢繁殖；鸟卵通常有12～15枚，底色为白色，通体有紫红棕色的斑点。岩雷鸟通常并不会建造巢穴，而只是将卵产在裸露的地面上。幼鸟的羽毛颜色与夏季的雌鸟羽毛颜色相似，但是在冬季到来之前会逐渐变为白色。

　　彩图中展示的是一只夏季的成年岩雷鸟，和一只冬季羽毛洁白的岩雷鸟。

白腹沙鸡

英文名 Pintailed / White-bellied Sandgrouse　拉丁文名 Pterocles alchata

白腹沙鸡

陆禽／沙鸡目／沙鸡科／沙鸡属

白腹沙鸡栖息在欧洲南部、非洲北部以及波斯(伊朗)的干燥平原上。它们在西班牙、西西里岛和整个黎凡特地区数量也尤其丰富。另外白腹沙鸡也会不定期、不定季节地小群来到法国南部各省。

白腹沙鸡是一种候鸟，与它们的近亲相似，白腹沙鸡也喜欢荒芜贫瘠的地区。这些土壤匮乏的地区自然不会吸引人类太大的注意力。因此关于白腹沙鸡的生活习性和行为特点，我们还没有得到任何详细的信息。它们的食物主要包括植物种子、昆虫以及蔬菜嫩芽。据特明克先生说，白腹沙鸡的巢穴建在乱石荒草中央的地面上，据说雌鸟会产下4~5枚卵，颜色未知。创造自然的伟大者赋予了松鸡科鸟类无与伦比的鲜明特征(在外形和颜色以及相应的生活习性和生活方式方面)，没有哪一种鸟类能够显示出更多的自然雕琢了。它们大部分都是迁徙性的候鸟；但是在那些长满了繁茂的植被的国家，这些鸟儿能够获得充足的食物，因此它们的翅膀丰满、呈圆弧形，飞行能力一般，从而只能从一片牧场飞去另一片荒野。除此之外，自然还给予了它们额外的眷顾。与栖息在四季变化鲜明、风景变化万千的国家的鸟类一样，它们的羽毛也会随着季节而发生关联性的变化；栖息在欧洲北部的不同物种的夏季羽毛为棕色，这身羽毛与夏季它们栖息的荒原植被几乎是相同的颜色，而到了冬季它们则换上一身纯白的羽毛，这身羽毛则几乎可以与晶莹的积雪相较。在这样恶劣的天气中，它们全身的羽毛都会变得更加浓密，甚至连爪趾尖都长出了羽毛。

从这些我们再转向本文彩图中的鸟儿——白腹沙鸡，我们在它们的身上也观察到了相同的自然恩惠。无论是它们的生活习性还是生活方式，都与它们的栖息地完全适应。但是白腹沙鸡栖息的环境与松鸡科的其他一些鸟类不同。覆盖着绿色植被的荒原并不是白腹沙鸡的栖息地，相反它们钟情的环境是广袤的沙质平原。在这些地区只有稀稀落落的小片绿草，而季节和风景也是一成不变。因此自然赋予了它们相应的高超的飞行能力；它们的翅膀细长尖锐，因此白腹沙鸡可以熟练地飞过大片地区去寻找食物和水；除此之外可以想象，白腹沙鸡的羽毛颜色也是几乎终年不变的。这些羽毛的颜色总是与自然装饰它们住所的材料颜色相同，它们若是默默不动，就几乎难以与随处可见的沙子和岩石区分开。白腹沙鸡的鼻孔裸露，跗骨(尽管附着基本的绒毛)与它们北方的邻居"穿着"皮毛的爪相比，几乎也是暴露在外的。为什么在白腹沙鸡身上会发生如此多适应它们的自然栖息地的变化，我们相信毋庸赘述。

白腹沙鸡的雌雄性个体之间在羽毛颜色方面相差甚远。雄鸟的喉部为黑色；两颊为浅红褐色；胸脯部位有一条将近5厘米宽的横纹，为红棕色，上下边缘有一条狭窄的黑色斑纹；头部、颈部、背部和肩胛部位为橄榄绿色；尾部和尾羽覆羽上有黑色和黄色的斑纹；小、中翅羽覆羽上有倾斜的栗色条纹，边缘为白色；大覆羽为橄榄色，接近灰色，每根羽毛末端有黑色的新月形斑纹；整个下体表为纯白色；尾羽尖端为白色；两外侧尾羽边缘也为白色；两根中央羽毛比其他羽毛长7.5厘米左右，向两侧逐渐变细，成为丝状羽毛；除了细长的中央尾羽之外，其他的羽毛长度为25~28厘米。

雌鸟的喉部为白色；白色羽毛之下至颈两侧有一半圈黑色的羽毛以及在雄鸟身上常见的橙色斑块和黑色条纹；整个上体表有黑色、红色和灰蓝色的斑纹；整个翅膀覆羽为蓝灰色；主翼羽上有一条红色的斑纹，尖端有黑色条纹；两根细长中央尾羽比其他的尾羽仅仅长5厘米。

幼鸟与它们亲鸟的唯一不同点在它们整体的羽毛颜色变化更少。

我们彩图中描绘的是一只雄性和一只雌性白腹沙鸡。

红腿石鸡

英文名 *Red-legged Partridge* 拉丁文名 *Alectoris rufa*

红腿石鸡

陆禽 / 鸡形目 / 雉科 / 石鸡属

这种奇特的美丽生物与普通的山鹑(灰山鹑)相去甚远,在生活习性和特点方面它们差异很大。红腿石鸡又叫红腿鹧鸪,它们是有不同之处的,而且据一些作者说,红腿石鸡是栖息在树上的,但是普通的物种几乎从来不会栖息在树上,而且它们也没有足刺。

目前有5种鲜明的物种被认为是红腿石鸡,其中有3种是欧洲的本地物种:而我们现在要描述的这一种是最常见的。我们认为当前这种红腿石鸡的栖息地仅仅局限在欧洲大陆、根西岛和泽西岛。和雉鸡一样,红腿石鸡适应了不列颠群岛的栖息环境。

红腿石鸡比普通的物种更加羞怯机警,很难让人靠近。甚至在狩猎季节之初,小群的红腿石鸡也总是能甩开猎犬很远的距离,并且在猎枪的射程之外迅速地起飞。如今在英国的众多地方,红腿石鸡的数量都极其丰富,尤其是在萨福克和相邻的地区。尽管红腿石鸡在保护区和人类的耕种地上生存和繁衍得很好,但是它们还是更倾向于贫瘠的荒地和荒原。在法国和意大利的平原上,红腿石鸡的数量相当丰富,但是在瑞士,红腿石鸡就相对稀少了些,而在德国和荷兰红腿石鸡也只是稀稀落落地栖息着。红腿石鸡十分多产,雌鸟一窝可以产下15～18枚卵。卵为橙黄色,整体覆盖着红色的斑点。第二次换羽之前的幼鸟羽毛与普通物种的幼鸟一样布满了条纹,但是在10月底这种颜色就会被成年鸟儿羽毛的横向斑纹所取代:老年红腿石鸡的雌雄性个体之间羽毛颜色和特征十分相近。要不是雄鸟总是有不够锋利的足刺,两者就真的很难区分开。它们的食物包括小麦和其他的谷物、蔬菜、昆虫等。它们的肉质比普通物种的肉质更白、更干。

彩图中展示的是一只雄性红腿石鸡。

灰山鹑

英文名 *Grey Partridge* 拉丁文名 *Perdix perdix*

灰山鹑

陆禽／鸡形目／雉科／山鹑属

这种著名的鸟类栖息地几乎仅仅局限在欧洲地区。就亲缘关系来说，灰山鹑在自然生物家族中的位置应该在西鹌鹑与红腿石鸡之间，而与非洲的几个物种构成了一个属。

我们不准备详细探讨为什么这一家族的鸟类受到猎人的追捧，因为有许许多多的作者已经专注于这方面问题的研究。除了他们的分析和描述外，我们也没有额外的信息可以在这里陈述。

灰山鹑在早春开始求偶活动，雄鸟为了争夺雌鸟会展开激烈的竞争和凶猛的斗争。它们一年之中仅仅繁殖一次，一窝中一般有10～18只幼鸟。在6月底，幼鸟通常就会露面了。在秋季和冬季，这些幼鸟会一直在一起觅食玩耍，而猎人们则将它们叫作"鹑群"。在下一个春季，这些灰山鹑就会分开，去寻找各自的伴侣。雌鸟常常在一小片草丛或其他相似的遮蔽物下的小地洞中产卵。不过，人们也会偶尔在三叶草田中或者玉米田中发现它们的卵。雄鸟和雌鸟只有几点不同：第一，雄鸟的个头更大；第二，雄鸟的脸部颜色更明亮；第三，雄鸟胸脯上有大块的栗色标志；第四，雌鸟上体表有棕色的横斑，十分鲜艳，而雄鸟没有。

相比贫瘠、未耕种的土地，灰山鹑更喜欢大片广阔的玉米田；而在荒凉的山区中，几乎从没有出现过这样的鸟类。

雄鸟的两颊、喉部和眼睛上方的条纹为淡黄色；颈部和胸脯为蓝灰色，有弯曲的黑色条纹；胸脯部位有大块马蹄形栗棕色斑纹；侧腹为灰色，有淡棕色的斑纹；背部、翅膀、尾部以及上尾羽覆羽为棕色，有黑色的横纹和斑点；肩胛部位的羽茎和尾羽覆羽为黄白色，边缘为黑色；飞羽为灰黑色，有棕色的斑纹；尾羽为橘红色；鸟喙、腿部和爪趾为灰蓝色；虹膜为棕色；眼睛后面的裸露皮肤为红色。

我们彩图中绘画的是一只雄性和一只雌性灰山鹑。

鹌鹑

英文名 | *Common Quail*　拉丁文名 | *Coturnix coturnix*

鹌鹑

陆禽／鸡形目／雉科／鹌鹑属

鸡形目中的鸟类没有哪一种能比鹌鹑在欧洲的栖息地更加广泛了。在北非和印度的大部分地区鹌鹑的数量也很丰富，如果我们没有弄错的话，在中国也是如此。西伯利亚南部整个地区、欧洲的每个国家，除了靠近北极圈附近的国家，都是鹌鹑的常驻或每年到访之地。在欧洲的南部地区，比如意大利、西班牙和葡萄牙，都有不少的留鸟，但是每年的春天都会有大量的候鸟飞到这里加入它们的队伍。大量的鹌鹑飞过地中海来到欧洲沿地中海海岸以及岛屿上，以至于人类在每年它们到来的时候对它们进行大规模的猎杀，这样也控制了鹌鹑的过度增长。

在生活习性方面，鹌鹑是多配偶制的；在迁徙季节到来时，雄鸟总是比雌鸟提前离开，而人类模仿后者的声音很容易就能用鸟网诱捕到雄鸟。法国和欧洲大陆其他地区的人都十分擅长利用这样的方法来捕获鹌鹑，而这就是为什么每年都有大批量的鹌鹑从这里被运送到伦敦的市场中。在不列颠群岛上，鹌鹑稀稀落落地分布着。春天当嫩玉米长到一定高度，能够为它们提供庇护的时候，它们就会来到这里。它们在我们的岛屿上求偶繁殖育雏，接着又会逐渐向南飞去；因为尽管当它们成群掠过我们的田野上空时，它们的飞行既不会延长也不会抬升，可以更加自在地履行迁徙使命，远比我们从它们的身体结构判断猜想的要自在。

鸟卵通常有8~12枚，为淡黄棕色，有深棕色和黑色的斑块和斑点。鹌鹑的巢穴通常很简单，有时甚至没有巢穴，因此它们常常会将鸟卵产在地面上。

雌鸟和雄鸟的差别不大，主要表现在雄鸟的喉部有一块黑色的斑纹，而雌鸟的相同部位则为白色。当年的幼鸟与雌鸟十分相像，因此几乎难以区分。

彩图中展示的是一只雄性和一只雌性鹌鹑。

大鸨

英文名 Great Bustard　拉丁文名 Otis tarda

大鸨

陆禽／鹤形目／鸨科／鸨属

随着人类不断地开发使用自然界，许许多多的动物物种将会逐渐地从很多最适宜的栖息地上消失。大鸨也是其中一种，在人类不断地进驻它们自然家园的同时，大鸨也被迫退到了最人迹罕至的地方。我们或许可以预测到，非洲广袤的平原将会是它们寻找生存和栖息机会的最后避难所。直到最后，或许和渡渡鸟一样，这一庄严家族的很多物种也将会灭绝，留下它们的遗迹让我们带着百般的好奇和遗憾去调查。

在不列颠群岛上大鸨的数量已经十分稀少。在诺福克和萨福克的开阔荒原和大片的萝卜田中或许仍有少数老年的雌性大鸨游荡着，但是我们怀疑是否还有一只雄鸟在陪伴着它们。在欧洲大陆上，我们也可以预想到，除了荷兰，大鸨的数量仍然比较多；这样的情形是由相对稀少的人口和仍存在的大片无人问津的平原造成的。西班牙和意大利的沙质荒漠是大鸨安乐的育婴室。在这里，它们安稳地栖息并繁衍着。从此向北，至西伯利亚和堪察加半岛，都是大鸨的栖息地。但是在美国人们还从来没有见到过这种鸟类。

鸟卵一窝有两枚，为橄榄绿色，略微有深色的变化；大鸨的卵要比火鸡卵大很多。这些常常被产在植物中间的裸露地面上。大鸨选择的产卵地常常是三叶草丛和玉米田。幼鸟的孵化时间在一个月以内，而幼鸟出壳后，它们就会一直跟随着它们的亲鸟在平原上觅食玩耍，直到次年的春天。大鸨除非没有其他的逃生法门，它们几乎不会飞起来。它们一般能够十分有力地迅速狂跑上几千米的距离。

作为人类的一种食材，大鸨的肉质鲜美，享誉盛名；在欧洲大陆上可以常常看到这种鸟类被拿到市场中出售。

这种鸟类的食物包括不同的谷物，另外还有三叶草以及其他植物的嫩叶和嫩芽；蜗牛、昆虫、田鼠等也会成为它们的食物。

雄鸟具有大型的膜状胃，以及一个细长的喉囊，延伸在颈前部，喉囊的入口，在舌的下面；尽管这个喉囊的作用我们目前还没有研究清楚，但是有一些作者认为它是用来存放水的。在繁殖期间，喉囊可以为雄鸟自己、雌鸟以及幼鸟存水。塞尔比先生说："然而这种设想成真的可能性不大，因为除了在雌鸟产卵之前，人们从来没有见到雄鸟亲密地陪伴着雌鸟。"这样一来，究竟这个喉囊的作用是什么，我们仍然迷惑不解。

在状况较好的时候，一般雄鸟的体重大约为13～14千克；完全成熟后的雄鸟，这意味着至少需要在五六岁的时候，雄鸟与雌鸟的差异较大。首先，雄鸟的身材要大一些，其次，从脸两侧向后长有几厘米长的刚毛状的细长须状羽，最后在胸脯部位从一侧到另一侧有明显的深灰色条纹。

头部、颈背部位、颈前部和胸脯为细腻的灰色；从头冠部至枕骨部位有一条棕色的条纹；两颊、喉部和须状羽为白色；颈下部和胸脯两侧为深栗棕色，渐变为红橙色，有明显的黑色和灰色斑纹；副翼羽和大覆羽为灰色；飞羽为黑色；尾羽基部和尖端为白色，中间部位有黑色和红棕色的条纹；腹部和尾部为白色；腿部为棕黑色；鸟喙为蓝灰色。

雌鸟在羽毛方面与雄鸟相似，但是没有脸部的须状羽，而且身材只有雄鸟的一半大小。

彩图中展示的是一只成年雄性和一只成年雌性大鸨。

BIRDS OF EUROPE
VOLUME V
GRALLATORES

卷　五

长 足 涉 水 禽

灰鹤

英文名 | Common Crane　　拉丁文名 | Grus grus

灰鹤

涉禽／鹤形目／鹤科／鹤属

灰鹤曾经在英国十分常见，这个事实是我们在阅读一些关于训鹰术的书籍时推测得知的。这些书籍的作者将灰鹤作为最高贵的一种猎物，只有冰岛猎鹰和游隼能与之相较。伴随着这个国家不断进行的开垦耕种，沼泽湿地干涸，以及大片的荒野被圈起，这种优雅的鸟类几乎完全被驱赶到了我们岛屿以外；然而，幸运的是，灰鹤还会偶尔到访。

它们在特定的季节里北上或者南下，在浩渺的高空中，整齐有序地悠然飞翔，高亢嘹亮的声音久久回荡在天地间。偶尔，灰鹤也会落下来，有时是受到了新收割的田野吸引，也可能是为了在沼泽中、河岸边甚至在海岸边寻找食物；但是无一例外它们总是会准时踏上行程，朝着它们最终的栖息地飞去。

灰鹤相对于大多数涉禽类鸟类更属于杂食性鸟类。谷物和植物，尤其是生长在沼泽和潮湿陆地上的植物，以及蠕虫、青蛙和淡水贝类都是它们的食物。

灰鹤通常将巢穴建在湖泊和沼泽边缘的芦苇丛中、茂密的垂柳中以及错综纠缠的树叶间；但是有时废墟和相似的建筑上面也能成为繁殖这项伟大而孤独的事业的选址。鸟卵通常有两枚，为暗绿蓝色，有棕色的斑纹。

成年雄性和雌性灰鹤在羽毛颜色方面很相似，只是雌鸟的羽毛没有那么细长优雅。

整个身体的羽毛为细腻的灰色，喉部、颈前部和后头部为深灰黑色；前额以及眼睛和鸟喙之间的部位装饰着黑色的羽毛；头冠部裸露，为红色；副翼羽形成了美丽的流动的悬垂羽毛，每根羽毛长而且蓬松，包含着稀疏关联的羽支，悬垂到靠近地面的位置；鸟喙为黑绿色，在端部渐变为角质色，而基部为红色；跗骨为黑色；虹膜为红棕色。从鸟喙至尾羽的总长度接近1米。

白鹤

英文名 | *(Siberian) White Crane*　　拉丁文名 | *Grus leucogeranus*

白鹤

涉禽 / 鹤形目 / 鹤科 / 鹤属

白鹤这一非凡的物种是在最近才被加入到欧洲动物群中的，我们认为有必要将白鹤包含在本书中。因此我们也参照特明克先生送来的一只美丽的雄性白鹤样本绘制了插图。特明克先生在同时送来的信件中说道，白鹤是我们最近才登记入册的物种，因此也可以说是欧洲最罕见的鸟类之一。它们的自然栖息地毫无疑问是在亚洲的北部和中部，在那里它们的分布范围甚至延伸到了日本。在日本，白鹤是一种常见鸟类。目前观察到的白鹤在欧洲的唯一栖息地是欧洲大陆最东边的地区。

就体型来说，这一物种要比普通的灰鹤身材更大，除了全身洁白的羽毛之外，另一个不同就是更长的鸟喙。

据说蜗牛、青蛙、鱼苗、小型甲壳纲动物和球茎植物的鳞茎都构成了白鹤的食物来源。

整体羽毛，除了主翼羽为棕色，其他部分都是纯白色；头顶的裸露皮肤为红色；鸟喙为绿角质色；腿部和足部为黑色。

彩图中展示的是一只成年白鹤。

蓑羽鹤

英文名 | *Demoiselle Crane*　拉丁文名 | *Anthropoides virgo*

蓑羽鹤

涉禽 / 鹤形目 / 鹤科 / 蓑羽鹤属

非洲毫无疑问是本属鸟类中很多物种的真正自然栖息地，插图中描绘的蓑羽鹤就是一个典型的代表；同时，这种鸟类的分布又是十分地广泛，这一点最近才又被巩固了。那就是我们最近看到了一只在尼泊尔被捕杀的蓑羽鹤样本，我们认为蓑羽鹤也稀疏地分布在印度的其他地区。在非洲，蓑羽鹤广泛地分布在整个北部地区。莱瑟姆博士提到蓑羽鹤在整个非洲的地中海海岸上都分布十分广泛；因此蓑羽鹤被列入欧洲动物群中就没有什么好惊讶的了。它们拥有着卓越的飞行能力，因此可以轻易地飞越地中海，来到欧洲大陆上。这是我们认为的原因，而莱瑟姆博士也告诉我们在黑海和里海相近的南部平原上也时常能见到这种鸟类；在贝加尔湖和塞林格河与阿尔贡河流域也常常能见到它们的身影。但是自此以北，蓑羽鹤就几乎从来没有到访过了。特明克先生也认为蓑羽鹤是一种定期到访欧洲大陆南部的候鸟。蓑羽鹤格外钟情于沼泽和河流附近的区域，而且蜗牛、水生昆虫、小鱼和蜥蜴构成了它们的食物。

整体与灰鹤相似，它们能够很好地忍受圈养的生活，而且是动物园中一种十分具有观赏性而且温和驯服的生物。在圈养的情况下，蓑羽鹤也是可以繁殖的，但是关于它们在野外筑巢方面的信息，我们还无从得知。

雌鸟和雄鸟在羽毛颜色方面基本相似。

两颊、喉部、颈前部、主翼羽和狭长肩胛部位的端部为黑色；从眼睛向后生长的一簇羽毛为纯白色；头冠部以及全部其他部位的羽毛为细腻的灰色；鸟喙基部为黑色，端部为黄色；腿部为棕黑色。

我们描绘的是一只成年雄性蓑羽鹤。

苍鹭

英文名 | (Common) Grey Heron　拉丁文名 | Ardea cinerea

苍鹭

涉禽／鹳形目／鹭科／鹭属

在我们的山林和荒野边缘有大片的水域，而这种高贵的鸟儿的出现则让这里变得更加风景如画。在训鹰术盛行的时候，苍鹭受到了很好的保护，但是如今它们受到的重视少了；尽管目前仍有许许多多广阔的鹭群栖息地保护区，但是我们有充分的理由相信苍鹭的数量每年都在不断地减少；我们的沼泽湿地的不断干涸显然是造成这种现象的一个原因；我们甚至怀疑或许在不久的将来苍鹭也会和大鸨一样在我们的岛屿上变得十分罕见。或许甚至在我们的岛屿上再也难以见到苍鹭这种鸟儿，正如灰鹤和白鹳也曾经在我们的岛屿上和现在的苍鹭一样常见。苍鹭作为一种候鸟，每年回归到这里的时候，发现赖以为生的食物和生存环境越来越少；若是有一天它们彻底地从这个不友好的居住地上离开，我们也没有什么好惊讶的。苍鹭的栖息地分布十分宽广。除了整个欧洲大陆，整个旧世界的几乎每一个部分都是苍鹭的栖息地。而在美国栖息着另一种与苍鹭在颜色和生活习性方面都十分相似的鸟儿，只是这种鸟儿的体型要比我们的苍鹭大 1/3。

苍鹭在生活习性方面是夜行性的，若是不受到打扰，在整个白天它们都会栖息在某棵高树上休息，直到黄昏日落后，它们才会飞出去寻找食物。如果苍鹭栖息的地区没有树木，它们或许会在沼泽地的中央休息，但是通常还是会占据高地，为了自己的安全，时刻警戒着周围环境中的声响。在黄昏时刻，它们才会振翅飞离休息地，径直飞到它们渔猎的地方。在那里它们会待上一个晚上和清晨，等待着猎物。为了捕获食物，它们会趟入水中，在选定的地点上纹丝不动地站着，敏锐的眼睛观察着猎物的靠近。它们的食物主要是鱼，而在这些时候游进浅滩中寻找食物的鳝鱼尤其受到它们的钟爱。苍鹭的长颈早已缩向肩膀等待着，一旦有猎物出现在它们的打击范围内，它们的长颈就会毫不犹豫地将长而尖锐的鸟喙对准目标发射出去。这突如其来的闪电般的打击，总是会让活蹦乱跳的猎物瞬间成为它们腹中的点心。这种鸟儿天生具备强大的消化能力，因此对于食物的需求量也很大。而自然母亲也赋予了它们最适合的获取食物的本领，没有几种鸟类能比苍鹭对鱼儿生长的水域造成更大的破坏的了。然而，除了鱼类，苍鹭还会贪婪地吞噬青蛙、水生昆虫、河鼠以及老鼠等。苍鹭轻快自在的飞行本领在鸟类家族中也要算拔头筹的了。它们可以轻易地升到极高的天空中，并且在大河和广阔的田野上空保持长时间飞翔。

在春天将要来到之时，这些鸟儿就在惯常的繁殖地聚集起来了。人们把这些地方叫作鹭群居巢。紧接着修复旧巢或者营建新巢的工作就紧锣密鼓地展开了。巢穴极大，结构呈扁平形状，材料通常包括各种小树枝，一般建在高大树木最高处的枝条上。据塞尔比先生所说，巢穴内层常常衬着羊毛和各种材料。鸟卵通常有4～5枚，为蓝绿色。幼鸟很早就会孵化出壳，圈养时很容易驯化，是住宅附近水域最好的装饰物。一岁大的幼鸟背部、胸部和后头部没有流苏般的羽毛，整体羽毛颜色也更加暗淡。

成年雄鸟的前额部、头两侧、喉部、翅上肩膀部位、胸脯部位和腹部为纯白色；颈前部有双排椭圆形的黑色斑纹；下部有几条白色的长羽；自头后部长起一条白色的长羽；胸部两侧为黑色；上体表为银灰色；肩胛细长，羽毛疏松、流动悬垂在翅膀之上；鸟喙和眼周斑纹为美丽的黄色，有灰色的着色；跗骨为橄榄绿色。

雌鸟外表与雄鸟相似，但是体型要小一些。

彩图中，我们绘制的是一只成年雄性苍鹭。

草鷺

英文名 *Purple Heron*　拉丁文名 *Ardea purpurea*

草鹭

涉禽 / 鹤形目 / 鹭科 / 鹭属

在这种优雅的鸟儿身上，我们不难注意到外形上那些美丽的渐变特征，这些特征在相近家族的鸟类身上也有体现。鸟类学家们在研究观察鸟类家族时总是会注意到这样的情况，而这一点也体现出，除了意外的物种灭绝，共同的特点在整个大家族中是一直在传承的。这样的观察也神奇地适用于我们当前的这种鸟儿，而草鹭在自然动物家族中的位置则似乎在苍鹭与大麻鳽之间。与前者相比，它们在颈部的长度和细长的外形、枕骨部位的羽毛，以及鸟喙的修长形状方面相似；而与后者相比，草鹭大而伸展的爪趾、直长的脚爪以及短小的腿部都与其相似。除此之外，草鹭的生活习性和行为特点也与大麻鳽有着惊人的相似之处。灰鹤更喜欢空旷的山区和大片水域周围的浅滩。在这一点上，草鹭与苍鹭不同，草鹭更喜欢在茂密的芦苇丛、沼泽湿地中出没。这些地区的植被繁茂，可以隐藏它们的行踪，而且草鹭并不在高大树木的高处枝干上筑巢，而是在植被中间的地面上直接产卵孵化。茂密的植被通常都能够为它们提供庇护。与大麻鳽的情况类似，草鹭一窝可以产下3枚卵，为均匀的淡蓝绿色。

这一物种的分布很广。简单地说，草鹭栖息在整个欧洲、亚洲和非洲。在荷兰和法国的低矮湿地上，它们的数量尤其丰富。而在不列颠群岛上，草鹭或许只能算是一种偶尔到访的鸟儿，而不能算是定期到来的候鸟。每年都有大量活生生的草鹭被从荷兰送到英国的市场上。因此，我们有理由怀疑那些在英国被猎杀的草鹭样本根本就是在运输途中逃脱囚禁的远方来客。我们在市场上有时一次能看见十几只这样的草鹭，另外还有白琵鹭、苍鹭和大麻鳽。它们的羽毛都是在最好的状态，因此我们知道它们是在繁殖季节被捕获的。同时送上市场出售的还有成百上千的鸟卵。我们恐惧这种大规模的交易会极大地减少这一物种的数量，因为近两年来这种鸟儿的市场供应量也远不及从前了。

草鹭的食物包括鱼类、青蛙、老鼠以及昆虫。

在完全成熟以后，雌鸟和雄鸟在羽毛方面很相似；细节可以做如下描述：头冠部、后头部、枕骨部位羽饰、颈后部以下的条纹、嘴角至后颈的条纹以及颈两侧以下的条纹为黑色；喉部为白色；颈两侧以及颈前部为红褐色，后者下部的羽毛颜色更浅，而且沿着中央有一条黑棕色的宽纹；颈底部有长羽，很尖锐，为灰白色；后颈下部分、背部、翅膀、侧腹以及尾羽为蓝灰色，有红褐色的着色；肩膀和下尾羽覆羽为深红褐色；胸脯部位、整个下体表、肩胛部位的长丝状末端为深红棕色，有蓝灰色杂色；大腿部位为淡红褐色；眼睛前部和鸟喙之间的裸露部分为美丽的橙黄色，只有嘴峰为棕色；虹膜为淡黄色；腿部和足部为黑绿色。

幼鸟没有枕骨部位的羽饰，肩胛部位和颈基部也没有细长的羽毛。这些都要在幼鸟3岁以后才会长出来；前额以及枕骨冠部为灰色，有棕色的着色；颈部颜色更淡，也没有黑色的斑纹；颈前部为白色，有纵向的黑色斑点；下体表为红白色；上颚为黑棕色；下颚、眼睛前部的裸露部分和虹膜为淡黄色。

我们描绘的是一只成年雄性草鹭。

大白鷺

英文名 | *Great Egret*　　拉丁文名 | *Egretta alba*

大白鹭

涉禽／鹳形目／鹭科／白鹭属

这种美丽鸟儿的自然栖息地在欧洲的东部和南部,以及非洲和亚洲的相邻地区。据说大白鹭在黑海和里海海岸、俄国南部地区以及整个土耳其境内的数量都相当丰富。从这些地区向西,大白鹭的数量也在不断地减小。在德国、法国和荷兰,大白鹭的露面应属偶然,而且时间不定。大白鹭在不列颠群岛更要算罕见;事实上,我们国家的一些关于捕获大白鹭的文字记述十分难以让人满意,因此我们甚至怀疑是否应该将大白鹭列入我们的动物群中去。

它们的生活习性、行为特点以及整体结构都与苍鹭十分相近。大白鹭更喜欢栖息在各种沼泽湿地中。它们的食物主要包括青蛙、蜥蜴、鱼类以及各种水生昆虫。

它们在树木上营巢,雌鸟会产下4~6枚卵,卵为蓝白色。

在整个春天和夏季的大部分时间里,成年鸟儿的背部会长出许多美丽的长羽。这些长羽如毛发一般披散着,延伸至尾羽上,可以随意地抬起或压低。我们相信,这部分羽毛在秋季会完全脱落;这一特点结合其细长的身形和洁白无瑕的羽毛被一些自然学家认为是足以构成独立一属的特征。而且尽管我们在此保留了属名"鹭",但是我们也充分地相信大白鹭具备构成新一属的鲜明特征。

整体羽毛为完美的纯白色;鸟喙为深棕色,在鼻孔部位有黄色的着色;眼睛和眼窝之间的部分为灰绿色;虹膜为橙色;腿部和足部为黄棕色。

幼年没有长羽饰,鸟喙为黑绿色,有黄色的着色;腿部为黑绿色。

我们在彩图中描绘的是一只成年雄性大白鹭。

夜鷺

英文名 | *(Common) Night Heron*　　拉丁文名 | *Nycticorax nycticorax*

夜鹭

涉禽 / 鹳形目 / 鹭科 / 夜鹭属

我们认为没有哪一种鸟类能比当前的这一种夜鹭，更能够显示出细分较大科属的必要了。我们认为夜鹭所属的夜鹭属是在世界范围内受到认可的：其中至少有7个物种是我们所知道的，大多数栖息在遥远的偏僻地区。其中一种是在火地岛被发现的，另一种则是在新南威尔士州被发现的，最近新发现的一种则是在马尼拉。

普通夜鹭是在欧洲发现的唯一一种同属鸟类。它们在整个欧洲分布都很广泛。同样在整个亚洲和非洲北部地区夜鹭的栖息地也很普遍；即使不是完全一致，那么北美洲的夜鹭与欧洲的普通夜鹭也有着十分惊人的相似之处。要辨别两者之间的差异，还需要有经验的人来为之；然而，我们认为美洲夜鹭的身体各部分都要比欧洲普通夜鹭大一些。

在不列颠群岛上，成年和幼年夜鹭都有样本不断地被猎杀，一些详细的例证也被记载了塞尔比和其他作者的著作中。在荷兰、法国和德国，夜鹭的数量尤其丰富。在这些地区，它们更喜欢出没于山林和乔木林地区周围低洼的泥沼地中。就外形方面来说，夜鹭介于大白鹭与大麻鳽之间。自然在生活习性方面，夜鹭也兼具这两种鸟类的特点。因为尽管夜鹭更喜欢芦苇丛生的隐蔽环境，但是在白天它们也常常会在乔木林和小树林中出现。在这些地方，人们可以看见它们栖在高处的枝条上。这一点我们自己可以做证，因为我们收到了一只来自温莎附近的弗洛格摩尔花园的精致成年雄性样本。这只样本栖落在该地的一棵高树上，人的靠近也没能让它产生恐惧，因此这位珍稀的客人轻而易举地就被捕获了。在被射杀后不久，这只样本就被送到了我们手中。

在日暮落下的时候，夜鹭就会回到湿地或河边，这些地方总是会为它们准备好一顿丰盛的食物；当鱼类供应不上的时候，青蛙、昆虫和老鼠就会成为它们的食物。几乎和苍鹭的行为一样，夜鹭也会成群在一起筑巢、繁殖、育雏。它们通常将巢穴建在高枝上，材料完全是小树枝。当它们栖息的地区完全不见合适的山林时，它们也会在芦苇丛中筑巢；鸟卵通常有4枚，为淡蓝绿色。

鸟喙为黑色，接近基部渐变为黄色；头冠部、颈后部、背部上部分以及肩胛部位为黑色，有绿色的光泽；颈两侧、背部下部、尾部、翅膀以及尾羽为珍珠灰色；前额、喉部和下体表为白色；从头后部长出3根长而狭窄的白色羽毛，下面凹下，一根覆于另一根之上，看起来就像一根羽毛；这些羽毛可以随意地直立；腿部和爪趾为淡黄绿色；脚爪为黑色，短而弯曲；内侧脚爪在内侧呈梳状；虹膜为深红橙色；眼周裸露皮肤为蓝绿色。

尚未离巢的小鸟缺少后头部的羽毛，嘴峰和鸟喙端部为黑棕色，基部和下颚为黄绿色；头部和颈后部为棕色，每根羽毛中央为黄白色；颈前部和胸脯以及下体表的羽毛为黄白色，边缘为明显的淡黄棕色；背部和小翼羽覆羽为深棕色，每根羽毛中央有黄白色的条纹；大覆羽和飞羽为深棕色，端部有三角形的白斑；尾羽为棕色，腿部为黄绿色，虹膜为亮橙色。在之后的换羽过程中会慢慢越加接近成年夜鹭的羽毛，但是在每次换羽后的阶段都曾被描述为一种独立的物种。

彩图中描绘的是一只成年夜鹭和一只幼鸟夜鹭。

大麻鳽

英文名 | *Eurasian Bittern*   拉丁文名 | *Botaurus stellaris*

大麻鳽

涉禽／鹳形目／鹭科／麻鳽属

从前当不列颠群岛上的土地尚未被开荒耕种的时候，大片的沼泽地和荒地是大麻鳽最适宜的栖息地，也为大麻鳽提供了丰富的食物。因此大麻鳽曾经在这个国家分布十分普遍。不过随着开荒耕种的进行，沼泽湿地也在干涸衰竭，这一物种的数量在大规模减少。尽管目前大麻鳽还不能算珍稀鸟类，可能在某一个季节里人们或许能见到较多的大麻鳽，但是在接下来的几个季节中可能就很少能见到它们了。

我们收到了来自亚洲和非洲的普通大麻鳽样本，但是我们仍然倾向于认为欧洲是它们的唯一自然栖息地。目前，荷兰和其他地势低洼国家的一些沼泽地为它们提供了充分的食物和庇护。这些地区或许也能够为它们提供相对比较安全的环境来进行繁殖育雏的工作。

大麻鳽是一种隐逸羞怯的鸟类，它们白天总是躲藏在茂密的芦苇丛中，在傍晚之前很少会出现在河流岸边。到了傍晚，它们会来到沟渠和更开阔的沼泽地边，寻找小哺乳动物、青蛙、蜥蜴、鱼类和各种水生昆虫。当它们的需求得到了满足之后，又会返回栖息地休息。

没有哪两种鸟类比大麻鳽和苍鹭更需要分化成为不同的属，而这两种鸟类直到最近还一直同属于鹭属这一个家族中。它们也很羞怯和机警，但是却用完全相反的方式表现出了它们各自的羞怯。苍鹭在进食之后，总是会选择高大树木的高处枝条，或者可以尽早地勘察到危险的高处作为休憩之地；而大麻鳽则总是躲藏在茂密的芦苇丛或各种植被中，人们需要花费极大的时间和精力才能找到它们的所在。而一旦受到了惊扰，大麻鳽又不能飞太远的距离。塞尔比先生说："当受了伤或受了惊扰，又不能逃生的时候，它们会气势十足地对抗自己的敌人，它们会将十分有力的尖锐鸟喙瞄准敌人的眼睛。要想捕获这种鸟儿，一定要十分谨慎。当大麻鳽受到一只狗的攻击时，它们则会扑向狗的背部，并用爪子和鸟喙猛烈地击打。

在这样的自我保卫下，再倔强的狗也会陷入绝境，因为大麻鳽如铁矛般的利刃一两下的攻击就会让它们很久不敢靠前。过去大麻鳽曾是训鹰术活动中很不错的猎物；因为一旦有敌人朝它们飞来，它们就会大声嘶吼，并且螺旋着飞起来，力图保持在敌人之上。要是这样的行动失败了，它们则会将鸟喙垂直冲下，对准飞上来的敌人，这时鲁莽的鹰隼稍有不慎往往就会被大麻鳽的鸟喙刺穿，或者受重伤以至于不能再进行二次进攻。大麻鳽只有在求偶季节才会发出咆哮声，这通常在2月份或3月初就开始了。在这一时期，随着日暮降下，它们会盘旋着升到一定的高度，时而发出奇特的叫声。以前迷信的人们往往认为这种叫声是可怕的、不吉利的。"

早些时候，大麻鳽的肉被认为是一种珍馐美味，甚至能卖上很好的价钱；这种肉呈深色，但是肉质并不粗糙，带有野兔和野山禽的味道。

它们的巢穴是用树枝、芦苇等材料营建的，通常放置在靠近水边极其茂密的植被丛中；鸟卵有4~5枚，为均匀的淡棕色。幼鸟在25天内孵化出壳；亲鸟在它们羽翼丰满之前会亲自喂养它们，直到它们能够为自己获得足够的食物之时，幼鸟才会离开巢穴。

雌性和雄性大麻鳽在羽毛方面很相似。头冠部为黑色，有铜绿色的光泽；后头部位的羽毛边缘为淡黄色，有黑色的光泽；自嘴裂部位有一条黑棕色的斑纹；整个上体表为淡黄色，有不规则的黑色和红棕色斑点，以黑色为主；颈两侧有黑棕色的横纹，前侧有较大的红棕色以及黑棕色纵纹；胸脯部位的羽毛为黑棕色，边缘明显为淡黄色；下体表为淡黄色，有狭窄的棕黑色纵纹；飞羽为棕黑色，有红棕色斑纹；尾羽为红棕色，有不规则的黑色斑点；眼眶及嘴角为黄色；鸟喙为黄绿色，在嘴峰部位颜色最深；腿部和足部为淡草绿色；脚爪为淡角质色；虹膜为黄色。

彩图中绘画的是一只雄性大麻鳽。

白鹳

英文名 | *White Stork*　拉丁文名 | *Ciconia ciconia*

白鹳

涉禽 / 鹳形目 / 鹳科 / 鹳属

　　白鹳是一种候鸟，但是它们的分布地却不是十分广泛。埃及和非洲北部边境一线似乎为它们提供了冬季栖息地。在夏季回归的时候，它们再次到访欧洲，但是几乎不会在再向更北的地方飞去，而且也极少出现在不列颠群岛。荷兰是它们最喜欢的居住地，除此之外还有德国、普鲁士、法国以及意大利的低洼地区。西班牙似乎应该是白鹳的冬季休憩地之一，在冬季大量的白鹳来到塞维利亚，狄龙先生说："那时候，在每一座尖塔上都栖满了白鹳，而且它们每年都会回到相同的巢穴。"在性情方面，白鹳并不会羞怯和多疑，而是轻信和大胆。它们似乎察觉到了人类对它们的好意和给它们的额外特权。因此人们可以在尖塔和村庄的屋顶上见到它们，从这些地方它们振翅飞去临近的田野和泥沼中寻找食物，然后又飞回来小憩。尖塔、高大的烟囱、建筑以及腐烂的树木都是它们选择的筑巢地。成堆的树枝和粗糙的材料形成了它们的巢穴。鸟卵通常有3枚，为淡黄白色。

　　白鹳的食物包括各种簇拥在它们栖息地上的水生爬行动物和昆虫。除此之外，白鹳的胃口也很大，而且从不挑剔。它们会贪婪地吞咽蛇、老鼠、鼹鼠、蠕虫以及腐肉等。随着冬季来到，它们栖息的湿地和沼泽已经冻僵，地面覆盖了厚厚的积雪，它们赖以为生的食物不复存在的时候，白鹳就会聚集成群，等待着启程向南方迁徙。迁徙的队伍在天空中浩浩荡荡，声势浩大地从这个国家的上空飞过。而在这个国家很多作者也记录下了这种鸟儿的事例。和其他一些候鸟一样，白鹳也最有可能在午夜开始迁徙之旅。

　　雄鸟和雌鸟在羽毛方面很相似，各个部分几乎都为纯白色，只有肩胛部位和翅膀为黑色；眼周皮肤也为黑色；鸟喙和足部为红橙色。

　　幼鸟的黑色羽毛更接近淡棕色。

　　我们彩图中描绘的是一只成年白鹳。

大红鹳

英文名 | Common Greater Flamingo　　拉丁文名 | Phoenicopterus roseus

大红鹳

涉禽／红鹳目／红鹳科／红鹳属

在整个鸟类家族中没有哪一种鸟儿能有大红鹳这样非凡的外形。形状奇异的鸟喙、修长的颈项、高跷一样的腿以及亮丽的羽毛颜色都让大红鹳成了一种惹人注目的鸟儿。当前这种鸟类栖息在欧洲大陆上所有的温和地区、亚洲、非洲和美洲。我们熟悉同属的三四个物种，但是仍然不确定在美洲发现的物种是否与在欧洲发现的物种完全一致。因此我们最好还是将大红鹳的分布地描述为旧世界。然而，我们或许还可以补充说，如果以后欧洲和美洲的这一物种得到了详细的观察并且足以区分开，那么特明克先生早已经为旧世界发现的这种鸟儿推荐了一个专门的种加词——"antiquorum"。

在欧洲，大红鹳定期到访的国家都位于地中海沿岸。它们在西西里岛、卡拉布里亚以及撒丁岛十分丰富；它们偶尔也会到访法国、甚至德国。在莱茵河岸上有该物种的样本被捕杀。在亚洲和非洲，大红鹳的分布也十分广泛，事实上，在非洲海岸上，大红鹳属于最常见的鸟类之一。它们在各国最喜欢的栖息地是沼泽湿地，河流两岸、海岸边的泥滩和沙滩、小溪以及水湾。它们的身材也绝妙地适应了它们对食物的需求，高跷般细长的腿可以保证它们安然地走进深水处，而与之相呼应的细长颈项以及鸟喙又进一步确保了它们可以探寻到水底的食物。在收获食物的时候，与一般的鸟儿不同，它们的上颚在下，下颚在上。食物被敛取到上颚之上，而上颚的弯曲弧度则完美的适合这项工作。它们的食物包括小型软体动物、鱼苗以及其他的海洋生物。尽管它们拥有着蹼足，但是这双脚爪似乎更适合在柔软的泥滩上跋涉，而不是游水。事实上，大红鹳也从来不会尝试去游水。在它们的自然栖息地上，它们总是结成小群一起出没，十分地机警和谨慎，因此人类要走进它们的射程以内着实应该不是一件容易的事情。它们在高空中飞行十分迅速，鸟群会排成楔子状的队形。这一点和大雁相似。

我们自己还没有机会亲自去观察这种鸟类的繁殖过程，因此在此拙作中就暂时转述特明克先生和其他作者的描述。他们说，大红鹳会在沼泽中堆起一堆高高的泥巴和土壤，在稍稍凹陷的泥堆顶端雌鸟跨坐其上，会产下卵。她庞大的腿部并不允许她采用正常的姿势；据说鸟卵有两枚，为椭圆形，纯白色。

尽管雌鸟和雄鸟颜色差异不大，但是还是有一些特征能轻易将两者区分开。在它们从幼年向成熟的发展过程（这一般需要4年的时间）中，它们的羽毛会经历十分显著的变化；除此之外，我们相信，季节的变化也会引起羽毛的变化。春夏两季的羽毛是很有特点的玫瑰红色。第一次换羽之前的幼鸟羽毛为整齐的灰色，只有副翼羽和尾羽为黑色。随着它们慢慢接近成熟，它们会逐渐呈现出成年大红鹳的雪白和猩红色的羽毛。具体描述如下：

头部、颈部、上下体表为美丽的玫瑰红白色；翅膀中央为鲜艳的猩红色；主翼羽为黑色；鸟喙基部为血红色，端部为黑色；跗骨和爪趾为玫瑰红色。

彩图中描绘的是一只成年和一只幼年大红鹳。

欧石鸻

英文名 *Thick-kneed bustard / Stone Curlew*　拉丁文名 *Burhinus oedicnemus*

欧石鸻

涉禽／鸻形目／石鸻科／石鸻属

我们在这里要介绍的这种外形奇特而有趣的物种，是联系另外两个重要典型物种的纽带。我们指的这两个物种是大鸨和鸻鸟。我们在本书中反复地提到过过渡物种或者过渡属。在生物界中一个家族具备典型特征的属往往不仅包含了较大的物种，而且数量也十分丰富，但是家族特征不是很明显，而且又与其他家族的鸟类具备一定相似之处的属则往往规模较小，包含的物种少，而且数量也较少。欧石鸻就是这样的一种，但是这样的情况仅仅局限在旧世界。

欧石鸻是同属中唯一一种栖息在欧洲的鸟类。在欧洲的大部分地区，欧石鸻是一种候鸟。在早春它们来到不列颠群岛上。它们钟情于开阔的高地、公园、荒野，尤其是荒凉贫瘠的地区。它们主要分布在内陆地区的各郡县，在诺福克、萨福克、肯特和汉普郡它们的数量尤其丰富。最初，它们成小群一起飞来，接着就分散开各自去寻找合适的地点繁殖了。鸟卵通常有两枚，放置在裸露的土地上，几乎看不出一丝筑巢的意图。它们通常在疏松的石块中间孵卵，幼鸟孵化出壳后不久就能够跑动。它们的羽毛颜色与周围的环境十分相似，因此要发现它们不得不费一番功夫。在欧洲大陆上，它们也较普遍地分布在相似的地区，而且数量更加丰富。除了欧洲的南部和东部地区之外，相邻的亚洲和非洲地区也是它们的主要栖息地。

欧石鸻以善走闻名，飞行速度也不是一般的迅速和有力，而且它们常常绕大圈盘旋飞行。欧石鸻的食物主要包括鼻涕虫、蠕虫、爬虫。有时候它们也会吃老鼠等食物。

雌鸟和雄鸟在羽毛方面几乎没有差异，而且幼鸟在很早的阶段就会长齐成熟的羽毛。

彩图中描绘的是一只成年欧石鸻。

欧亚金鸻

英文名 Eurasian Golden Plover　拉丁文名 Pluvialis apricaria

欧亚金鸻

涉禽 / 鸻形目 / 鸻科 / 金鸻属

欧亚金鸻十分广泛地分布在整个欧洲北部地区,而且在我们的岛屿上也不能不算常见。在夏季它们栖息在荒野、开阔的高地和潮湿的沼泽上;但是到了秋季和冬季它们就会成群聚集到近海岸地区和湿软的海湾中。然而,它们的繁殖地却通常在我们北部郡县荒草丛生的山岭,以及苏格兰的高地。雌鸟会在地面上产下卵,通常一窝有4枚,尺寸较大,比凤头麦鸡的卵还要大。鸟卵为暗淡的橄榄色,有黑色的斑点。

欧亚金鸻以及相近物种的生活习性几乎完全是陆栖的;因为尽管欧亚金鸻飞行极为轻盈迅速,但是它们的特点、结构以及力量都决定了它们具备在草地上和荒山野岭间迅速敏捷地奔跑的能力。大自然也选择了并且在不断地完善进化这种使生物在最初的时候能够将生命保存下来的能力,正如我们看到的所有刚刚破壳而出的幼鸟,在尚没有能力飞翔之前,几乎很快地就具备了敏捷地蜷伏和奔跑的能力,而飞行的能力都要在亲鸟精心养育和保护之下才能慢慢养成。

欧亚金鸻的羽毛会随着一些季节的变化而变化,这对于尚未全面了解这种鸟儿的人来说足以让他们对这种鸟类产生很多的迷惑和误解。在冬季,上体表整体羽毛颜色暗淡,有很多黄色斑点,而在下方颜色更浅;但是在3月份,胸脯部位和下体表会长出少量黑色的羽毛,随着时间的推移,这些羽毛的数量会慢慢增多;在5月份,从鸟喙上部开始,经过两颊和颈两侧,以及喉部、胸脯部位和身体下表面会长出很多漆黑的羽毛。这些黑色的羽毛部位边缘有突兀的白色斑纹,从前额延伸至颈部和两侧,以及余下的羽毛。繁殖季节一旦过去,黑色的羽毛以及白色的边缘条纹都会消失,呈现出冬季的暗色羽毛。

我们目前还不完全明白这种羽毛变化的原因;但是这样的变化却是伴随着春季和秋季的局部换羽而出现的。因此新出现的黑色不完全是原来的羽毛出现的新颜色,而是新羽毛本身的颜色;而且这样的颜色也不是简单的褪色,暴露出暗淡的颜色，而是旧的羽毛退去，又长出了新的暗灰色的羽毛。主翼羽一年只换羽一次，除此之外其他的羽毛都遵循着相似的规律：当然我们并不是说羽毛会随着季节变化的鸟类一年当中都会进行两次换羽；只是在当前的物种身上的确是这么回事。当年的幼鸟与冬季的成年鸟类羽毛没有很大的区别，只是全身羽毛的黄色着色颜色更深。

鸟喙为暗黑色；眼睛为深栗色；头部和整个身体上部为深棕色，有美丽的金黄色光泽；腿部和足部为橄榄棕色。体长有25厘米，体重有200克左右。

欧亚金鸻肉质鲜美，因此这种鸟儿总是被人们费力寻找并且送上餐桌。每年都有大量欧亚金鸻被捕杀，并送到伦敦的市场上出售。

我们在彩图中描绘的夏季和冬季的成年欧亚金鸻，前者的胸脯部位为黑色；雌鸟和雄鸟不能通过羽毛来辨别。

蛎鹬

英文名 *Eurasian Oystercatcher*　拉丁文名 *Haematopus ostralegus*

蛎鹬

涉禽 / 鸻形目 / 蛎鹬科 / 蛎鹬属

当前这一个有限但是分布又十分广泛的属中只有一个物种可以称得上是欧洲的物种，那就是蛎鹬。我们有充分的理由认为蛎鹬是我们的本地物种。不仅不列颠群岛如此，整个欧洲大陆也是一样。它们更喜欢的栖息地是低洼泥泞的海岸边、盐碱滩和内陆盐水湖。

这种鸟儿的动作行为总是充满了无限的生机和活力；它们在平坦的沙地上跑动十分迅捷，展翅飞翔的能力也丝毫不弱；除此之外，它们还拥有着高超娴熟的游水技巧，尽管它们并不是生性喜欢下水。事实上，只有当它们在不经意间涉进海岸边的深水中，被海水没过时，它们才会利用游泳之便来脱生。它们的身材结构强壮有力，巧妙地适应和配合着鸟喙捉捕鱼儿的工作。帽贝（与水底的石头很相似，辨别要花费很大精力）、双壳类生物、甲壳纲动物以及海生蠕虫都是它们的食物。正如它们的名字说明的那样，蛎鹬的鸟喙特别擅长撬开牡蛎的壳，捕获躲藏其中的软体动物。

在冬季，蛎鹬喜欢群居，会成大群聚集在一起，而到了春天它们又会分开，每对蛎鹬各自回到筑巢地去繁殖育雏。

在我们的整个海岸上，蛎鹬都非常常见。在这里，与狭长的沙质海滩接壤的是一片沼泽地，在那些鹅卵石之间，雌鸟会产下卵。雌鸟通常一窝产4枚卵，为淡橄榄色，有黑色的斑纹或斑块。当雌鸟忙于孵卵之时，雄鸟则在机警地戒备着，随时会用尖锐独特的哨音提醒雌鸟危险的靠近。幼鸟在破壳出世的当日就会离巢，但是仍会受到亲鸟无微不至的关怀。遇到打扰，亲鸟会不断地在入侵者周围飞动，并且大声鸣叫着进攻入侵者，直到将它们赶走。幼鸟很早就会长出一身成熟鸟儿的羽毛，而不会经历阶段性的羽毛变化。

从外形上看，雌鸟和雄鸟很相似。唯一的差别是在冬季羽毛方面，一者喉部一半的部位有新月形的白色斑纹。

彩图中展示的是一只夏季时候的成年雄性蛎鹬。

反嘴鹬

英文名 | Pied Avocet　拉丁文名 | Recurvirostra avosetta

反嘴鹬

涉禽／鸻形目／反嘴鹬科／反嘴鹬属

这一非常有趣和精致的属——反嘴鹬属，仅仅包含了非常有限的几个物种，而当前的这一物种——反嘴鹬是欧洲拥有的唯一该属鸟类。一个世纪以前，当我们的沼泽地还没有干涸的时候，大片的沼泽湿地为它们提供了充足的食物和保护。那时反嘴鹬还很常见，在林肯郡和诺福克郡的沼泽湿地上它们的数量尤其丰富，直到如今这些地区偶尔还会成为反嘴鹬的繁殖地。

我们认为反嘴鹬是一种严格的候鸟，只有在我们的沼泽和湖泊都融化了，它们独特的食物都很丰富的季节，它们才会来到我们的同纬度地区。它们的食物主要包括小昆虫、甲壳纲幼虫等，当然它们美丽的鸟喙也专门适合食用这一类的食物。而同时它们腿部的结构也巧妙地适应了在泥泞潮湿的土地上行走；比起游水，它们具半蹼的足部可以更好地支撑住它们的重量，这样才能轻盈地在柔软泥泞的土地上行走。但是若非实在需要，它们也不会下水游泳。它们选择的繁殖地和其他的沼泽鸟类一样，通常在泥坑中，有时候营建一个简单的巢穴，有时候根本没有巢穴，它们会产下卵。雌鸟一窝产卵不会超过两枚，卵的形状和颜色都与凤头麦鸡的卵相似，但是大小不同，但也因此常常被误认作凤头麦鸡的卵。这些卵的长度有5厘米，宽度也有3.8厘米，为橄榄棕色，有黑色的斑点。

莱瑟姆博士告诉我们，反嘴鹬在保护自己幼鸟时会表现得十分勇敢；在繁殖育雏的时候若是受到打扰，它们就会如凤头麦鸡一般飞起来，勇猛地盘旋在猎人的头顶上，腿和颈项向前伸展着，重复发出尖锐的吱吱声。幼鸟很快就会长出一身与亲鸟相似的羽毛，而成熟鸟类则没有外形的差异，整个身体羽毛为白色，只有头冠部、颈后部、肩胛部位和飞羽为黑色；鸟喙为黑色；虹膜为红棕色；足部和腿部为蓝灰色。

我们在彩图中绘画的是一只羽翼丰满的成年反嘴鹬。

矶鹬

英文名 | *Common Sandpiper*　拉丁文名 | *Actitis hypoleucos*

矶鹬

涉禽／鸻形目／鹬科／矶鹬属

我们认为，那些有机会在野外观察到这种野生小候鸟的人们一定会对它们温顺有礼的性情感到高兴，而且我们猜想人们也想了解更多关于这种鸟儿的知识。同部落的很多其他的鸟类可以安然无恙地度过我们最残酷的严冬，但是矶鹬在这一点上与这些鸟类不同。这些鸟儿似乎只能在温和的气候下生长繁殖，因此它们的栖息地也仅仅局限在这样的地区。

矶鹬在4月底飞来这里，很快就会飞去内陆湖泊、河流和小溪，在这些水岸边，它们整整一个夏季都在充满活力地四处觅食并且唱着简单的歌曲。它们一到达这里通常就会开始筑巢繁殖工作了，雌鸟会在水边的堤岸上产下4枚精致的卵，为淡红白色，有深红色的斑点。浅滩上的一个浅水洼或者土壤上的一个小洞穴都会成为它们的巢穴，然而，有时它们也会在其中铺衬上一些青草、树叶等。值得担忧的是，这种鸟类胆怯的性情严重地影响到了它们的安全，栖息在我们可通航的河流和水道周围的大量矶鹬就成了猎枪下的牺牲品。即使不是如此，它们也会受到严重的干扰，从而不能完成繁殖任务，而推动它们来到这些地方的唯一动力就是这里有适合它们繁殖的环境。而那些栖息在更加安全地区的鸟儿们则很快地完成了繁殖工作，并且它们羽翼尚未丰满的幼鸟也很快就能灵敏地在沙地和泥泞的海滩上行走，不久之后，它们又能伸展翅膀跟在它们的父母身后飞翔起来，并且能自己寻找到食物和庇护。与黑腹滨鹬以及其他的海洋物种不同，它们的飞行队伍常常让我们惊叹不已，但是矶鹬却几乎不能被称作是一种群居的鸟类，4～6只在一起已经是很难得见到的景象了。

尽管矶鹬的数量并不算非常大，但是几乎在欧洲的每一个地区都能见到它们，而且它们总是成双成对地出没。不过人们也经常能看到形单影只的矶鹬独自觅食的身影，或许是它丧失了配偶，也或许是其他的原因造成了它的孤单。在不列颠群岛上，成年的矶鹬在9月开始一年一度的向南方迁徙的旅程，几个周之后幼鸟也会踏上这一行程；幼鸟延迟的几个星期可以保证它们有充沛的精力完成这个十分辛苦的旅程，飞越海峡来到欧洲大陆上温暖的地区栖息。它们每年很有可能也会到达非洲北部地区。除了欧洲和非洲，我们还观察到了来自印度的几个地区的矶鹬样本，这也证明了矶鹬在旧世界上的分布是十分广泛的。在美洲，著名的斑腹矶鹬取代了它们的位置，但是这一物种在欧洲却很罕见。

雌鸟和雄鸟在羽毛方面十分相似，因此没有必要分开描述它们的特点。当年的幼鸟羽毛边缘有灰白色的斑纹；在其他的方面，它们则与成年鸟类相似。

矶鹬的食物包括各种昆虫，除此之外还有贝类蜗牛、蠕虫以及甲壳纲动物等。为了捕捉这些食物，它们所做的动作不仅仅是优雅，甚至是曼妙。它们十分灵敏地在松软的泥滩和沙地上奔跑，常常古怪地翘动尾巴并不停地点头，与黑水鸡和西印度群岛上的一些陆栖鸽类有些相似。矶鹬飞行速度缓慢，而且在飞行过程中会不断地振翼，好像要很努力才能飞起来。它们总是贴近水面飞行，有时甚至常常会沾湿翅膀；在飞翔时，它们还会发出哀伤的单音节鸣叫，每隔很短的时间就会重复这些音符，直到它们在对岸着陆。

头部和上体表为淡棕色，有橄榄绿色的光泽；背部和肩胛部位的羽毛有弯曲的深棕色横向条纹，看上去十分斑驳；大翼羽覆羽端部为白色；小覆羽有棕色的横纹；第一、第二翻羽全部为棕色，其他的颜色相同，只是内羽片中央有一大块白色斑点；4根中央尾羽与背部的羽毛相似；每侧的两根羽毛端部为白色；外侧羽毛为淡棕色，有深色条纹和白色端部；喉部为白色，略微有淡棕色的小斑点；颈两侧以及胸脯部位为灰白色，有棕色的条纹；腹部为白色；鸟喙为橄榄色；腿部和爪趾为黄灰色。

我们在彩图中描绘的是一只成年矶鹬和一只秋季的幼鸟。

白骨顶

英文名 | *Common Coot*　　拉丁文名 | *Fulica atra*

白骨顶

涉禽／鹤形目／秧鸡科／骨顶属

白骨顶是我们岛屿上的本地物种，栖息在大片的静止或流动的水域中，但是更喜欢那些长满灯芯草、边缘有茂密的芦苇和绿油油的植被的水域。它们在整个欧洲大陆上的数量也很多，尤其是在荷兰、法国和德国分布最广。

在大型水域中的隐蔽地带，它们在春季早早地就开始了筑巢繁殖工作。白骨顶会用灯芯草、各种青草以及水生植物编织一个大而结实的巢穴。整个巢穴会露出水面，但是巢穴底部的材料则通常浸泡在水中。在浅水中的巢穴常常是这样，但是巢穴也常常与水边茂密的植物纠缠在一起。这些植物不仅可以起到支撑的作用，同时也能够掩藏保护鸟卵和雏鸟。在这样的巢穴上，雌鸟会产下7～10枚卵，为棕白色，有深棕色的斑点。接着它们就会亲自在这儿开始孵卵了。刚刚孵化出壳的幼鸟身上的绒毛是黑色的。它们很喜欢下水，而亲鸟们则会尽心地跟随在身边。人们常常可以看见亲鸟领着雏鸟们在水中游来游去认真地寻找食物。它们的食物包括种子、水生植物、昆虫以及软体动物。

当冬季的寒冰覆盖了池塘、湖泊以及河渠的时候，自然也切断了白骨顶的食物供应，这些鸟儿因此不得不离开这些隐蔽的夏季栖息地，而来到宽阔的大河水面上，有时候甚至会来到这些河流的入海口。在南安普顿，每年的这个季节里都有大量的白骨顶来访这里的河流，在春天到来的时候它们一起消失了。人们通常会观察到这些鸟儿在每年的10月份离开它们的夏季栖息地，直到次年的4月份它们又会再度现身。

几乎不必说，我们相信人们都知道白骨顶是少数几种游泳本领很强的鸟类之一。它们游得轻松又优雅；而它们也具备很灵活的潜水本领。然而，它们飞行起来却又慢又笨拙；事实上，若不是被逼急了，没有别的方法可以逃生，它们几乎不会展翅飞翔。在陆地上，它们能够十分敏捷地奔走。实际上，人们曾经观察到它们蹲坐在河堤上休息，或者穿来穿去地寻找着蠕虫和鼻涕虫。这些都是它们贪婪地吞咽的食物。若是受了惊吓，它们就会立即钻进水里，并且在水中潜游到芦苇茂密的地方躲藏起来。

雌鸟和雄鸟在外形上没有差异；当年的幼鸟也不会表现出任何差异，除了它们的额板发育尚不完全。

整体羽毛为深灰黑色，下体表有蓝色的着色；鸟喙和额板为白色；虹膜为猩红色；胫骨裸露的部分为橙色；跗骨和爪趾为橄榄绿色，前者有黄色的着色。

我们彩图中描绘的是一只成年白骨顶。

普通秧鸡

英文名 | Water Rail   拉丁文名 | Rallus aquaticus

普通秧鸡

涉禽／鹤形目／秧鸡科／秧鸡属

秧鸡在欧洲的分布十分广泛，但是主要在荷兰、法国和德国的低洼或平坦的平原上数量最多。这些地区的淡水沼泽、湿地以及河流为它们提供了最适宜的自然栖息地。尽管在不列颠群岛上，秧鸡的数量从来不算丰富，但是这种显而易见的罕见性并不是因为它们真的就是一种罕见鸟类，而是因为它们的性情狡黠、擅长隐藏。

除了在被逼得很紧的时候，它们几乎不会飞行。但是一般在受到惊扰的时候，它们还是会选择跑进水边的芦苇丛或其他茂密的植物中，纤细的身形使得它们完全可以在杂乱的草丛中穿梭。除此之外，它们游水和下潜的能力也非比寻常，这些本领都帮助它们在遇到危险的时候成功地逃脱。我们毫不用去怀疑这种鸟类作为一种候鸟的身份，但是我们也有足够的理由相信仍有大量的秧鸡一年到头都会留在我们身边；它们在夏季栖息在沼泽地、池塘和沟壑中，并且在这些地方繁殖；而到了冬季则会来到我们较大的河流上。它们的巢穴使用灯芯草和各种植物纤维编织营建，藏在水面之上深深的草丛中，十分隐蔽。它们的繁殖习惯实际上与黑水鸡十分相似。它们的卵为黄白色，有红棕色的斑点。

它们的食物包括蠕虫、蜗牛、柔软的昆虫以及它们的幼虫。这些食物在沼泽湿地上十分丰富；它们也会食用一部分植物性的食物。刚刚孵化出壳的幼鸟绒毛为黑色，具备很好的游泳能力，可以保护自己，并且为自己寻找到足够的食物。但是亲鸟们还是会一直照顾和保护这些幼鸟。很快，它们的羽毛就会发生变化；成熟的羽毛慢慢长出来，这样它们很快就与成年鸟类十分相像了。但是幼鸟的胸脯部位和下体表为红棕色，侧腹的标志更模糊不清。雌鸟和雄鸟的羽毛很相似，但是雄鸟体型通常更大。

我们在彩图中描绘的是一只成年秧鸡。

黑水鸡

英文名 *Common Moorhen / Gallinule*　拉丁文名 *Gallinula chloropus*

黑水鸡

涉禽／鹤形目／秧鸡科／黑水鸡属

　　这一常见物种不仅分布在整个欧洲，栖息地还延伸到了非洲的大部分地区和印度；事实上，和游隼以及仓鸮一样，黑水鸡几乎可以说是一种分布在全世界范围的鸟类。而美洲热带、中国以及太平洋岛屿上的一些黑水鸡与我们的黑水鸡之间有很细微的差别，但是它们究竟是否应该被看作是同一物种，我们的一些最杰出的博物学家们甚至都提出质疑。在不列颠群岛上，黑水鸡栖息在河流、池塘、莎草茂密的地区以及所有低洼的沼泽湿地上。在天气恶劣的寒冬中，当我们的内陆水域都被冰封了的时候，它们就会来到大河上。在残酷的天气中，这些地方不仅能够更好地保护它们不被猎人发现，而且能够为它们提供在夏季栖息地上获得不到的食物。

　　尽管它们的爪趾又细又长，看似并不好用，但是它们却有着十分卓越的潜水能力。它们常常充分地利用这一本领来获得水蜗牛、昆虫和它们的幼虫。溪流底部的鲜嫩水草以及青草也构成了它们食物的一部分。在天气稍微好一点的时候，它们则常常出现在陆地上，尤其是草地和牧场上。它们在这些地方寻找蠕虫和昆虫，行动十分敏捷优雅，憨态可掬。若是没有人打扰，它们很快就会变得不那么羞怯和爱躲藏，在地平面上跑来跑去，俨然是最活泼的风景。它们飞行的时候看起来笨重而且笨拙，似乎需要费很大的力气才能保持在空中不掉下来。

　　关于这种人们熟悉的鸟类，有一个情况似乎被大多数鸟类学家们忘记了。我们指的是这一事实：雌鸟的整体羽毛颜色深，而且浓重，鸟喙基部以及前盔为明亮的猩红色，端部为明黄色；雌鸟在这方面的优越性常常使它们被误认为是雄鸟；而我们知道雄鸟的羽毛与雌鸟的羽毛对比鲜明，它们浑身覆盖着暗灰色的羽毛，上体表相对雌鸟更加呈橄榄色；鸟喙的颜色也没有那么亮丽。我们最初观察到坐窝孵卵的鸟儿羽毛颜色都比较明亮富丽，因此认为这些鸟儿是雄性；但是后来大多数的解剖实验都发现这些鸟儿其实是雌鸟，因而才发现了这一事实。除了颜色方面的差异,雌鸟和雄鸟的身材也有差别,雌鸟的个头要比它的配偶小1/5左右。

黑水鸡的巢穴通常是用长刀状的叶子和水草编织起来的。它们通常被放置在灯芯草丛中,在小溪或池塘上最偏僻的部分。鸟卵一窝通常有5~9枚,为淡黄棕色,上面有红色的斑点。从雌鸟开始坐窝孵卵,到幼鸟孵化出壳,一般需要3周的时间。幼鸟的绒毛为黑色,性情上严格地属于水栖鸟类,因此几乎一出壳就能够下水游动,而且已经具备了生存所需的全部本领,如捕食水生昆虫和苍蝇等。在这个尚属脆弱的阶段,它们会遇到很多的敌人,因此还需要它们的亲鸟殷切的保护。老鼠、鼬鼠和凶残的梭子鱼都能伤害到它们。梭子鱼尤其是如此,不仅黑水鸡的幼鸟会受到它们的摧残,很多种水禽的幼鸟都是它们攻击的对象。第一个秋季的幼鸟尽管身形已经和成年相差无几,但是羽毛颜色却要浅得多,整个喉部和下体表为灰白色,鸟喙和腿部为橄榄色。

雄鸟的鸟喙基部为红色,有强烈的橄榄色着色;整个上体表为橄榄棕色;胸脯部位和下体表为深蓝灰色,有橄榄色的着色;侧腹的每根羽毛中央有较大的椭圆形白色斑块,下尾羽覆羽也为白色;虹膜为红色;跗骨和爪趾为橄榄绿色,前者从跗关节以上环绕着红色的羽毛。

雌鸟和雄鸟之间最显著的差异已经在上文中给出,在此就不再重复。

彩图中展示的是一只成年雌鸟和一只当年的幼鸟。

小田鸡

英文名 | *Baillon's Crake*　拉丁文名 | *Porzana pusilla*

小田鸡

涉禽 / 鹤形目 / 秧鸡科 / 田鸡属

我们彩图中这种外形十分漂亮的小鸟是欧洲秧鸡科鸟类中最小的物种，尽管在欧洲大陆上广为人知，但是直到最近蒙塔古才将这一物种列入了英国鸟类目录中；我们检查了之前属于我们不知疲倦的英国鸟类学家，现在属于不列颠博物馆的样本，以及另一位先生拥有的样本，也参照了蒙塔古先生的鸟类学词典的附录，但是那些鸟儿都不属于我们当前讲的这一物种。

小田鸡栖息在欧洲的南部和东南部地区，在意大利很常见。法国的一些地区也是它们的栖息地。在英国，小田鸡只能被看作偶尔到访的物种，而且只有在东南部地区才有样本被捕获。这种鸟类最常见的栖息环境是海草丰富的河流岸边、大型湖泊、池塘和沼泽地。在这些环境中，性情羞怯的小田鸡可以找到十分隐蔽的栖息地。在茂密的植物中，它们精致的小身形可以灵活地钻来钻去，因此几乎不用飞行就能逃脱危险。据说小田鸡也具备十分卓越的游水和潜水的能力，会在水边筑巢。鸟卵有七八枚，外形就像一个超大号的橄榄，底色也是橄榄色，有深绿棕色的斑点。它们的食物包括蠕虫、鼻涕虫和昆虫，以及一部分蔬菜和植物种子。

剑桥大学国王学院的院长——可敬的萨克雷博士的收藏中有一只小田鸡样本。这只小田鸡是在一个严寒的1月份，在剑桥以南14千米左右的墨尔本村庄附近的冰上发现的。这一地区原先是沼泽地。这只可怜的鸟儿为了在严峻的天气中找到一口食物，或许从气候更适宜的地区流浪而来。但是或许由于饥饿，或许由于恶劣的天气，也或许两方面原因都有，它就眼睁睁地等着被人类赤手空拳捕捉了去。

成年雄鸟的前额、眼睑、颈两侧以及整个下体表为深蓝灰色，在腹部和侧腹几乎接近黑色，有白色的条纹；头冠部、颈后部以及身体上表面的羽毛为深橄榄棕色，每根羽毛的中央为深深浅浅的黑色；背部中央、肩胛部位、翅膀覆羽以及三级飞羽上有密集的纯白色斑点；主翼羽为深棕色，这种颜色一直扩展到了尾羽中央，但是边缘为橄榄棕色，这样的边缘斑纹随着鸟儿长大也在变狭窄；鸟喙为绿色；虹膜为淡褐色；腿部为肉色，在成年鸟类的该部位颜色更深；7只小田鸡样本从鸟喙端部到尾羽末端的平均身长为18厘米。

　　成年雌鸟与雄鸟的羽毛几乎没有差异，只是总体羽毛颜色要更暗淡一些。幼鸟的颔部以及喉部为白色，颈部、胸脯部位和腹部为红棕色、暗黑色和灰白色的杂色；腹部和侧腹有模糊的黑色和白色斑点，相间的条纹没有清晰的界限，这两种颜色也相对比较模糊。

　　我们彩图中绘制的是一只成年小田鸡和一只幼鸟。

BIRDS OF EUROPE
VOLUME VI
NATATORES

卷 六

游 禽

雪雁

英文名 | *Snow Goose*　拉丁文名 | *Anser caerulescens*

雪雁

游禽／雁形目／鸭科／雪雁属

鸭科这一精美的物种栖息在整个北极圈附近地区，尤其是靠近北美洲的地区；据说在南极洲地区也栖息着一些雪雁，但是我们发现事实并非如此，在南极洲栖息着另一个特点鲜明的物种。在俄国北部和拉普兰地区，雪雁的分布十分稀疏，从这些地区它们有规律地迁徙到欧洲东部地区。在普鲁士和奥地利也能偶尔见到这种鸟儿，但是雪雁却从未在荷兰出现过。北极地区是它们真正适宜的自然栖息地。在早春它们就会飞去这些地方繁殖育雏。

雪雁的鸟卵为黄白色，为规则的卵圆形，尺寸要比绒鸭的卵大一些。

莱瑟姆博士告诉我们，雪雁在哈得孙湾的数量十分丰富；它们在5月份到达塞文河，继续向北方迁徙并且完成繁殖任务后，它们会于"9月初再次到访塞文堡，并且在此休憩直至10月份中旬。接着它们就会和幼鸟一起向南迁徙。飞行的队伍十分壮观。在这一段时间里，成千上万只雪雁被当地的居民捕杀。这些不幸的雪雁被掏出了内脏，接着就被埋进了在地面上挖的洞穴里。大雪落下之后，上层的土地被冰冻，这些雪雁就可以被保存下来。这些居民们会时不时地从自己的'冰箱'中拿出一只雪雁来食用，这时的雪雁肉质还是十分鲜美的"。

雪雁的食物包括昆虫、灯芯草和芦苇以及各种植物的根系。威尔逊先生说，雪雁会"像猪一样从沼泽地上撕扯起这些植物"，而雪雁十分强壮有力的锯齿状鸟喙看起来也格外适应这样的工作。在秋季，雪雁主要以浆果，尤其是岩高兰的浆果为食。与同家族的其他素食主义者们一样，雪雁的肉质细腻多汁，是餐桌上的佳肴美味。

雌鸟和雄鸟在羽毛方面很相似。

我们在彩图中描绘的是一只成年雪雁。

灰雁

英文名 | *Greylag Goose*　拉丁文名 | *Anser anser*

灰雁

游禽／雁形目／鸭科／雁属

尽管我们的许多家鹅品种在羽毛方面多有差异，但是在身材外形、鸟喙的形状和颜色以及其他的特征方面都有惊人的相似之处，这完全使自然学家们毫不怀疑地相信，这些家鹅品种都是从一个物种进化培育而来的，而我们彩图中的自然野生灰雁就是其中一个代表。灰雁的肉质鲜美，是一种珍稀的食材，而它们的羽毛也有各种不同的用处。这些都已经为我们的读者所熟知，因此我们完全没有必要在此描述各种家鹅品种的培养问题。这个话题每个人都比较熟悉，关于完整的描述我们向读者们推荐彭南特先生以及其他人的作品。尽管我们从以前的作者的证词中了解到，这种鸟儿曾经在不列颠群岛上是一种留鸟，但是如今灰雁在我们的岛屿上已经十分罕见，因为适合它们繁殖育雏的环境已经十分稀少，随着土地的耕作和流失，灰雁被迫不得不一再地退居更荒僻的山区。或许在那些地方，它们还能不受打扰地繁殖栖息。

灰雁广泛地栖息在欧洲所有温带地区的广阔沼泽地上；它们的栖息地向北方不超过北纬53°以北的地区，而向南，它们则分布在非洲北部地区，向东至波斯，而且我们认为灰雁在整个小亚细亚地区都有着广泛的分布。

灰雁喜欢聚集成群，而且和豆雁一样，会搜寻开阔的荒野地区，常常还会落到新发芽的小麦田中。小麦嫩叶、青草嫩叶、三叶草以及谷粒构成了灰雁的食物。

巢穴据说营建在灯芯草之中，由大量的各种植物组织编织而成；鸟卵有6～12枚，为污白色。

雌鸟和雄鸟在羽毛方面非常相近。

彩图中展示的是一只成年雄性灰雁。

豆雁

英文名 | Bean Goose 拉丁文名 | Anser fabalis

豆雁

游禽／雁形目／鸭科／雁属

在欧洲的温带地区，尤其是在不列颠群岛上，豆雁更多是一种冬候鸟，而不是留鸟；在北极地区度过夏季之后，它们在早秋就会向纬度较低的南方迁徙；因此在10月和11月份，许许多多群豆雁就会飞来英国的北部地区，接着它们就会分散到我们岛屿上的众多地区去。

和同一家族的大部分物种一样，豆雁十分羞怯，非常难以让人靠近，总是谨慎地躲避着可能的危险，在开阔的山区荒野中出没。这种鸟类主要在白天进食。这些时候它们往往会在收割之后的茬地上出现，或者经常在新播种的豌豆、青豆和各种豆田中寻找食物。众所周知，豆雁会对小麦造成惨重的破坏。广阔的沼泽和湿地是豆雁最喜欢的栖息地，这些地区富有的大片水域在危险来临时能够为它们提供保护，而夜晚时候它们也常常在这些地区栖息。由于豆雁的食物格外的鲜美，豆雁的肉质也十分美味，因此它们在餐桌上价值极高，每年都有大量的豆雁被送到我们的市场上。我们常常可以看到这些鸟儿被捆绑笼圈等待出售。同时被送上市场的还有它们的近亲灰雁。在春天即将回归的时候，豆雁也开始了它们的向北迁徙之旅；尽管一些作者表达说，豆雁会留在我们西部和北部的岛屿上繁殖，但是我们十分自信地认为大量的豆雁还是会在北方高纬度地区聚集。

豆雁的飞行能力十分高超，在一定的高空中，伴着有利的轻风，它们的飞行速度据估计能达到至少每小时95~130千米。

豆雁和灰雁在各方面都存在着巨大的相似之处，因此这两个物种常常被混淆；然而，在仔细观察时，我们就能够发现这两个物种之间在各方面都存在着一些明显的差异。这表现在外形、鸟喙的颜色和其他的方面。比较关于这两种鸟类的描述后，我们就能清楚的了解。在体型方面，灰雁要比当前的物种大一些，尽管雄性豆雁的体重常常要比雌性灰雁大一些。豆雁黑色的较小鸟喙与灰雁强壮的肉色鸟喙形成的强烈反差或许是用来辨别这两个物种的最大的特征。

雌鸟和雄鸟在羽毛方面几乎完全一致,因此描写其一就足够了;除此以外,在不同的季节中,它们的羽毛也不会表现出可辨别的差异。

据说豆雁会在低洼的沼泽地中繁殖育雏,雌鸟会产下8～12枚白色的卵。

整个鸟喙为黑色,只有靠近上下颚的端部为粉黄色的斑纹(颜色有时接近红色);虹膜和眼眶为棕色;头冠部和颈后部为棕色,后者有纵向的皱纹,使这部分看上去像是有黑色的斑纹;整个背部、翅膀、侧腹和尾羽为深丁香棕色,有灰色的着色,每根羽毛的端部为白色;胸脯部位和腹部为灰棕色;肛门部位、下尾羽覆羽和尾部为白色;腿部和蹼为橙色。

彩图中展示的是一只成年雄性豆雁。

小天鹅

英文名 | *Tundra Swan*   拉丁文名 | *Cygnus columbianus*

小天鹅

游禽／雁形目／鸭科／天鹅属

我们用"Whistling Swan"或"Hooper"的名字来指代当前的这一物种，就是为了将它们与新加入该属的两个物种区分开，而后两个物种中的其中一种是英国、爱尔兰和欧洲其他地区的候鸟。"Hooper"这一名称特别指出了这种鸟类发出的一种奇特的鸣叫声；这叫声与单词"Hoop"的发音相似。小天鹅在鸣叫时，会连续多次大声沙哑地重复这一音节。

小天鹅曾经一直被认为是北美洲地区的一种留鸟，但是近来解剖学的发现证明了在这一地区最普遍的两种野生天鹅均与小天鹅有明显的差异；因此小天鹅的自然栖息地或许仅仅局限在欧洲北部地区和亚洲。

小天鹅在英国或欧洲大陆的北部国家仅仅是一种冬候鸟，每年冬季气候的残酷程度往往与来到这里的小天鹅数量成一定的比例。在长期的霜冻天气中成群的小天鹅是很常见的，而且我们的市场上也提供了大量的小天鹅样本；但是在温和的冬季里却很难捕捉甚至见到这种鸟类。小天鹅的夏季栖息地在北极圈以内的北极地区，如冰岛、斯堪的纳维亚半岛和欧洲最北方的一些国家和地区。从前据说有少数几对小天鹅会在设得兰群岛、奥克尼群岛，甚至萨瑟兰郡上繁殖育雏。在半驯化的状态下，这些鸟儿翅膀被捆绑着，会在一些英国贵族的公园小岛上或湖中繁殖，但是在这样的情形下，它们与完全驯化后的天鹅来往不多，而在各种人工或观赏性的水域上，后一种天鹅才是主要的统治者。

小天鹅的食物包括水生植物和昆虫，它们在浅水中进食；它们会在陆地上营建起一个大型的巢穴，收集树叶、灯芯草或鸢尾花叶铺设其中，并在其中产下6～7枚发白的卵，卵上有黄绿色的着色；鸟卵的长度有10厘米，宽度有7厘米。亲鸟需要坐窝6周的时间；幼鸟最初为整齐的暗灰色，但是会慢慢变化，直至第二次秋季换羽时变为白色的羽毛，在此之前鸟喙上黑色的部分也没有那么明晰；鸟喙基部和蜡膜更像是肉色而不是黄色，而腿部颜色也比成年的鸟类更浅。

成年雌鸟与雄鸟的区别只有两点：第一，雌鸟的体型更小一些；第二，颈部也更加纤细一些。

成年雄鸟的羽毛为完美的白色，只有头冠部偶尔有淡黄色的着色；鸟喙为黑色，基部和蜡膜为黄橙色，从上颚边缘直至鼻孔最前端一线和后面的眼睛一周都是这种颜色；虹膜为棕色；腿部和足部为黑色；这种鸟儿的整体身长为1.5米；翅膀伸展后的体宽将近2.4米。

莱瑟姆博士和雷尔先生在伦敦林奈学会的汇报文件中关于鸟类的发声器官的部分包含了对内在特异性的描绘。借助这样的特异性像天鹅这样的物种就可以被很容易地与其他外形易混淆的生物区分开。

彩图中展示的是一只成年小天鹅。

翘鼻麻鸭

英文名 | *Common Shelduck*　拉丁文名 | *Tadorna tadorna*

翘鼻麻鸭

游禽／雁形目／鸭科／麻鸭属

翘鼻麻鸭几乎可以说是同属中最漂亮的一种鸟类；欧洲的物种当然也没有哪一种能赶得上这一物种优雅的举止和朴素的颜色；驯化之后，它们会成为我们的湖泊和大型水域上最美丽的装饰物，不过翘鼻麻鸭更多地应该属于一种海岸边的生物。它们可以在这些水域之上毫无困难地生存繁衍，与它们的配偶四处嬉游。雌鸟和雄鸟在外形颜色方面十分相似，因此看上去像是最相称的一对。

翘鼻麻鸭在欧洲的大部分地区分布都很普遍，而且在不列颠群岛上也是一种土生土长的鸟类。它们在我们的一些海岸边繁衍栖息，数量十分丰富。翘鼻麻鸭对巢穴地点的选择在众多鸟类中应属最有新意和非凡的；它们无一例外总会选择野兔废弃的洞穴。在它们栖息的几处海岸边靠近沙滩的沙丘上都密集地分布着这样的洞穴。雌鸟在这些洞穴中营建巢穴，巢穴的位置通常在距离洞口多米远的地方。巢穴用干草和其他的植物组织编起外巢，而内巢则是它们自己腹部的绒毛；鸟卵为纯白色，有12～16枚。和许多其他的鸟类一样，雌鸟和雄鸟会轮流坐窝孵卵；幼鸟一旦被孵化出壳就会在亲鸟们的陪护下来到海边，或者更准确地说，亲鸟常常会用自己的鸟喙挑起幼鸟，并把它们送到海岸边。海洋是它们最适宜的栖息地，而且它们仅仅在需要更多食物的时候才会来到内陆的盐碱沼泽和盐水湖上。

如果我们仔细地观察这一物种的外形，我们不难发现翘鼻麻鸭在自己的自然家族中所处的位置：它们的总体特征暗示了它们属于真正的鸭科，而它们细长的跗骨和抬高的后趾以及它们在陆地上前进的方式，都暗示这一物种与雁有一定的亲缘关系；这些都证明了翘鼻麻鸭属于麻鸭属，而只有本物种与另外一个物种是欧洲仅有的同属鸟类。

翘鼻麻鸭的叫声尖锐，似哨音。上颚顶部的肉色瘤在春季着色为更深、更鲜艳的猩红色，而在一年当中的其他季节里则要暗淡一些。翘鼻麻鸭的食物包括昆虫、有壳的软体动物、甲壳纲动物和海生植物。

雄鸟和雌鸟与真正的雁形目鸟类一样都没有明显的羽毛差异；然而，后者的体型相对要小一些，羽毛的颜色也要更模糊一些。特明克先生表述说，在欧洲的北部和西部的所有国家的沿海岸边都栖息着这种鸟类。在荷兰和法国它们的数量也十分丰富，而在德国和欧洲其他地区的河流上它们也会偶尔露面。

整个头部和颈上部为亮黑色；颈下部、肩膀、腹部两侧、背部、尾羽和上下尾羽覆羽为白色；尾羽端部为黑色，从腹部中央到肩胛部位的大部分区域和大飞羽都为黑色；胸脯部位和背部上部分环绕着一条宽阔的栗色斑纹；翼斑为亮绿色；鸟喙为明亮的橙红色；跗骨和足部为肉色。

幼鸟的前额、颈前部、和下体表接近白色。

彩图中展示的是一只雄性翘鼻麻鸭。

普通欧洲野鸭

普通欧洲野鸭

游禽 / 雁形目 / 鸭科 / 鸭属

驯化家鸭的情形与驯化许许多多其他动物的情形一样，都被埋藏进了时间的浪花里；以前的人们集中精力来驯化野鸭这种动物的目的，现在的人已经不得而知。我们想或许是因为这种动物的肉质比较鲜美，也或许是因为整个鸭科家族的鸟类都相对更容易接受人类的驯化。因此我们几乎无须格外说，也相信人们都知道我们的许多种家鸭品种都是由当前这一物种驯化培育而来。

普通欧洲野鸭，或者野鸭的栖息地遍及整个地球上的所有温和地区；而且尽管我们相信，在赤道以南的地区野生状态下的普通欧洲野鸭是很罕见的，它们的栖息地边界线也在子午线之内。野鸭分布在这个国家的全部领土上，而且无论栖息在哪里的野鸭都展示出了这种相同的特点和习性，那就是易于驯化和乐于亲近人类。在我们自己的岛屿和欧洲大陆上相邻的地区，只要是适合它们生长的地区，就会有大量的野鸭留下来繁殖育雏。这一数目在春季和秋季会极大地增加，因为向南或向北迁徙的野鸭飞来加入了它们的队伍。众多普通欧洲野鸭会飞去北方的地区，在那些国家广阔的沼泽地上，它们可以安然自在地栖息着。它们的食物几乎完全是植物性的，因此从它们的食物性质来看，野鸭的肉质也应该是健康和营养的，而且格外的鲜嫩和美味。在它们的繁殖地周围，主翼羽尚未长全之时，幼鸟又被称作 "flapper"。因为它们的肉质多汁，餐桌上的需求很大。在林肯郡和剑桥郡地区，野鸭被大规模诱捕，很多作者已经做了大量这方面的描写，因此在这个话题上多说无益。

在这个国家，普通的野鸭在早春时节就会开始繁殖，在二三月份开始求偶。它们选择水边隐蔽的地点，雌鸟在这里产下蓝绿色的卵并且孵化育雏。当幼鸟能够自谋生计并且保护自己的时候，亲鸟就会与幼鸟分开，并且聚集到不同的鸟群中去。据说雌鸟和雄鸟的羽毛标志不同。幼年雄鸟直到次年春季才会长齐成熟的羽毛。

成年雄性普通欧洲野鸭的羽毛颜色非常优雅。

整个头部和半个颈部为深金属绿色；颈部中央有一圈白色的羽毛；胸部为极深的栗色；背部中央为棕色，每根羽毛边缘颜色较浅；肩胛部位和侧腹为灰白色，有美丽弯曲细腻的黑色条纹；肩膀部位为灰棕色；翅膀斑纹为深紫绿色，可变化，在白色斑纹前部和后部变成天鹅绒般的黑色；飞羽为深棕色；尾部和上尾羽覆羽为绿黑色，两根最长的中央尾羽向上弯曲，尾羽为灰白色；下尾羽覆羽为灰黑色；鸟喙为橄榄黄色；腿部为橙色。

雌鸟的整体羽毛为茶棕色，头部和颈部有无数的暗黑色斑点；背部和侧腹以及下体表的羽毛中央有深色的着色；翅膀斑纹与雄鸟相同部位相似，但是尺寸更小。

彩图中展示的是一只雄性和一只雌性野鸭。

凤头潜鸭

英文名 | *Tufted Duck*　拉丁文名 | *Aythya fuligula*

凤头潜鸭

游禽 / 雁形目 / 鸭科 / 潜鸭属

这种美丽的鸭科小鸟是我们岛屿上常见的冬候鸟之一，它们在秋季来到这里，并且很快地分散到河流、小湖、大型池塘和小海湾以及相似的环境中。在这些暂时的栖息地上，凤头潜鸭总是成双成对地栖息，不断地潜入水中寻找食物。水底几乎是它们获得食物的唯一来源，而各种淡水贝类、软体动物、蠕虫和甲壳纲生物构成了它们的大部分食物。除此之外，凤头潜鸭也经常会食用水生植物。尽管在内陆地区通常能看到它们成双成对地出没，但是在海岸边凤头潜鸭却常常大群聚集在一起，尤其在岩石海岸边。关于潜水的本领方面，凤头潜鸭与同部族的鸟类一样都十分敏捷，动作十分迅速，因此从这一点上说，它们很难被射杀。

在春季到来的时候，它们回到北方繁殖，与很多它们的近亲一样，沼泽地和人迹罕至的北极地区是它们繁殖育雏的避风港。它们向南迁徙的范围十分广阔；我们收到了来自欧洲南部的样本，也从地中海接近亚洲的地区获得了一些凤头潜鸭的样本。我们同样还看到了黑海地区的凤头潜鸭，以及高北纬度地区的每一个国家的这种鸟类。在北印度的许多地区，尤其是高原地区，凤头潜鸭的数量也十分丰富。来自喜马拉雅山脉地区的一些样本也为我们的"世纪鸟类"提供了材料。尽管它们强壮圆润的身材看上去并不能让它们显得优雅，但是从头部到后头部悬垂下来的优雅的流动羽冠让它们的整个身形显得不那么朴素了。

在冬季大量的凤头潜鸭被送到了伦敦的市场上；而且尽管凤头潜鸭肉经常被摆上餐桌，但是我们认为它们的肉质并不算美味，因此也算不上是难得的珍馐。

彩图中展示的是一只雄性和一只雌性凤头潜鸭。

欧绒鸭

英文名 | *Common Eider*　　拉丁文名 | *Somateria mollissima*

欧绒鸭

游禽／雁形目／鸭科／绒鸭属

野生欧绒鸭是能够为人类提供重要服务的鸟类之一。欧绒鸭柔软精致的绒毛是一种需求很广的商品；市场对于这种鸟类的需求量如此之大，以至于生活在英国北方岛屿上的居民以及拉普兰、冰岛和格陵兰岛上的居民使尽一切办法都要让欧绒鸭留在他们的海岸上繁殖，这样他们就能从欧绒鸭的巢穴上获得到这种珍贵的绒毛了。它们几乎没有被发现在大陆上繁殖过，而往往会选择沿海岸分布的零星小岛屿。当地的居民就利用它们的这种习性，将一些小片的土地隔离开来。这样可以保证这些鸟儿不受到牛、狗、狐狸和其他野生动物的骚扰，而这些动物则似乎会给它们造成极大的烦扰。

雌鸟在筑巢工作上表现得十分勤勉。巢穴放置在地面上，用它们从自己胸脯部位和下体表啄下的绒毛营建而成。这种轻柔而且有弹性的材料使它们的巢穴结构极其特殊，在雌鸟坐巢孵卵时，这些巢穴在雌鸟身体周围形成高高的巢穴边缘；而在它离巢之时，又会遮盖在鸟卵之上；它们所用的材料数量也十分非凡。欧绒鸭孵卵之时会十分专注，几乎会忽视所有危险的逼近。有时人们靠近它们的巢穴，甚至取走了其中的鸟卵，但是它们还是不会试图逃走。巢穴一旦建设完毕，这些鸟儿就会开始拔毛的工作了。第一部分绒毛被取走之后，雌鸟身上会再次长出新的羽毛，接着这些羽毛又会被拔掉使用，直到雌鸟再也不能供应新的绒毛，这时雄鸟才会用自己的绒毛补足不足的部分。

孵卵的工作几乎完全由雌鸟来承担，雄鸟在白天的时候极少会被看见在巢穴周围逗留。雌鸟羽毛肃穆的颜色与周围的环境十分和谐，而雄鸟的羽毛却洁白漂亮，因此它们比雄鸟相对安全一些；尽管如此，每当傍晚临近，人们还是会注意到雄鸟从海边回到它的配偶身边，或许在夜里的一段时间，雄鸟会帮助雌鸟分担孵卵的工作。鸟卵一窝有5枚，为均匀的橄榄绿色。幼鸟一旦孵化出壳，就会被亲鸟带到海边去，在那里它们立即会找到充足的食物和安全的栖身之所。

欧绒鸭在欧洲北部海岸以及美洲的同纬度地区上分布十分普遍，在北极圈以内的北极地区数量尤其丰富；人们常常注意到欧绒鸭大群地聚集到一起，潜入水中寻找食物。它们的食物主要包括水生贝壳类动物(尤其是普通的珠蚌)、甲壳纲动物、昆虫、鱼卵以及海洋植物。

欧绒鸭看起来并不属于候鸟，但是有时候它们还是会在恶劣天气的驱使下向南迁徙。

从头部两侧以及眼睛上方延伸起一条十分宽阔的黑色天鹅绒般的羽毛，端部在前额聚齐；后头部以及两颊后部为海绿色；颈下部、背部、肩胛部位和小翼羽覆羽为白色，有黄色的着色；胸脯部位为浅黄色；下体表以及尾部为深黑色；鸟喙和足部为橄榄色。成年雌鸟的羽毛为棕红色，有黑色的横斑。

我们彩图中展示的是一只雄性和一只雌性欧绒鸭。

王绒鸭

英文名 King Eider　拉丁文名 Somateria spectabilis

王绒鸭

游禽／雁形目／鸭科／绒鸭属

王绒鸭这一外形极为华丽的物种与欧绒鸭具有很大的相似性。只是王绒鸭很少会与欧绒鸭一样到访我们更温暖的纬度地区，而是更多地栖息在北极圈附近的海岸边。王绒鸭会偶尔到访我们的海岸边，因此也在我们的动物群中占有了一席之地。在挪威、波罗的海沿岸、西伯利亚的北极海岸，甚至连堪察加半岛上，王绒鸭都十分普遍。在格陵兰地区王绒鸭的数量十分丰富，在那里当地人会食用王绒鸭的肉，它们的皮也被缝制成了温暖的大衣。王绒鸭孵化鸟卵的过程与欧绒鸭十分相似，营建巢穴的过程也经历着相同的一番掠夺。鸟卵的尺寸要相对小得多，而且为均匀的橄榄色。

萨宾先生在他的《格陵兰鸟类史》中告知我们，雄鸟要长齐成熟的羽毛需要4年的时间。这一物种的雌雄个体之间的差异也如欧绒鸭一样表现在几个共同的方面；雌鸟的羽毛整体为素淡的暗棕色，而雄鸟的羽毛则十分鲜艳，与雌鸟形成鲜明的对比。

雄鸟的鸟喙与雄性欧绒鸭的鸟喙不同。王绒鸭的鸟喙基部有两根横向的软骨质突出，围绕在前额之上，接近眼睛的部分；胸脯、鸟喙以及腿部为漂亮的深朱砂红色；上腭部边缘有一条狭窄的黑色天鹅绒状的羽毛；喉部以下有箭形的同色羽毛，箭头朝着鸟喙基部；头冠部和后头部为美丽的蓝灰色；两颊为白色，有精致的海绿色着色；颈部和背上部为白色，在胸脯部位逐渐呈现出精致的浅橙色；其他部分的羽毛(包括上体表和下体表)为深黑棕色，只有翅膀中央有一个白色的斑点，大腿部位有另一个白色的斑点；副翼羽为镰刀状，优雅地弯曲在翻羽之上。

这一物种的雌鸟与雌性欧绒鸭十分相似，整体羽毛都为锈棕色，有黑色不规则的斑点和箭形的斑纹；因此有时甚至难以将这两种鸟类区分开。

我们在彩图中描绘的是一只雄鸟和一只雌鸟。

普通秋沙鸭

英文名 *Goosander/Common Merganser* 拉丁文名 *Mergus merganser*

普通秋沙鸭

游禽／雁形目／鸭科／秋沙鸭属

普通秋沙鸭的羽毛颜色醒目而大胆，部分着色也十分精致，因此从美丽的羽毛和较大的身形来说，普通秋沙鸭都可以算作是同属中最精致的一个物种；除此以外，普通秋沙鸭还具有卓越的潜水能力，在水中可以十分敏捷有力地觅食。它们的飞行能力也毫不逊色，它们的翅膀十分有力，飞行速度也很快。

普通秋沙鸭真正的自然栖息地在欧洲和美洲大陆的北部地区。这些地区大片无人问津的湖泊是它们最适宜的栖息和繁殖地。在严酷的冬季将要来临的时候，它们就会从这些夏季栖息地上向南迁徙。这时候若非在北极地区气候十分恶劣，气温格外地低，它们就几乎不会在我们的同纬度地区出现。若是如此，它们就会在我们的海岸边和冰封的湖泊上出现，要么成双成对，要么七八只一小群；但是荷兰和德国浩瀚的内陆水域似乎更是它们钟爱的栖息地。

普通秋沙鸭的身材长而扁平；身体长度有接近70厘米；体重接近2千克。

鸟喙两侧为红色，上侧更深，边缘呈锯齿状；鸟喙末端的硬甲壳十分突出，呈钩状。头部有狭长的毛发状装饰，形成了油亮的黑绿色羽冠，而一半的颈部也是油亮的黑色，有绿色的光泽；这样的颜色在颈部中央突然就消失了；背部和肩胛部位为精致的黑色；翅膀覆羽和副翼羽为白色。飞羽为黑棕色；尾部和尾羽为灰色；两侧有不规则的颜色更深的有斑点的波纹；尾羽有18根。整个身体下表面为精致的黄奶油色。腿部的位置非常靠后。跗骨和爪趾为深红橙色；交指型膜颜色更暗。

气管在进入迷路之前有两处膨大部分，而在此由一个横隔膜分开了两个不规则的腔室。

雌鸟的身材要比雄鸟小得多，而且在羽毛方面和气管的解剖结构上都有很大的差异。在雌鸟身上既没有气管的膨大，也没有内耳的骨质迷路。鸟喙、虹膜和足部的颜色也没有那么鲜艳。头部、颈部和羽冠为红棕色；颌部为白色；上体表为均匀的深灰色；下体表颜色更浅，有奶油色的着色。

雌鸟的羽毛特征与当年的雄性幼鸟是相似的,只是它们的气管结构仍与成年雄鸟相似,而且身材也较大。这些因素都曾经让以前的作者误认为它们是一种新的鸟类,这一错误在最近的观察中才得了纠正。

它们的食物包括鱼类、小甲壳纲动物以及软体动物。普通秋沙鸭的肉有不好的气味和味道。

据说雌鸟会产下12枚白色的卵,但是关于这种鸟类的筑巢方式我们还不甚了解。

我们彩图中绘制的是一只雄鸟和一只雌鸟,均羽翼丰满。

红胸秋沙鸭

英文名 | Red-breasted Merganser   拉丁文名 | Mergus serrator

红胸秋沙鸭

游禽／雁形目／鸭科／秋沙鸭属

红胸秋沙鸭似乎是同属中唯一一种偶尔会在我们的岛屿上繁殖的鸟类。它们会常年栖息在奥克尼群岛上，以及英国北部的某些内陆湖泊上。它们会在高处建起巢穴，巢穴的材料主要是枯草茎、青草等。水边的岩石岸堤常常会成为它们的筑巢地，雌鸟会产下8~12枚奶油色的卵。

红胸秋沙鸭夏季栖息地最南端似乎只到达不列颠群岛；在靠近欧洲大陆和美洲大陆的北极地区都有大量的红胸秋沙鸭栖息。这些地区不仅与它们的生活习性相适应，而且也能够为它们提供丰富的食物。

它们的游泳和潜水能力丝毫不逊色于同属的其他鸟类。它们的食物也与同属的其他鸟类完全相同，而且肉质也同样粗糙，难以下咽。

红胸秋沙鸭的身材要比普通秋沙鸭小1/3，而且在生活习性和行为特点方面这两种鸟类都十分相似，但是在毛发颜色方面却有极大的差异。鸟喙极长而且纤细，两侧为红色，由上部的一条黑线分开；头部有一条由细长弯曲的羽毛组成的羽冠，整个部分以及1/3的颈项都为油亮的黑绿色；在这之下是一条白色的颈部羽领，与胸脯羽毛融合；而胸脯部位颜色为栗红色，有黑色的纵向斑纹；背部和三级飞羽为油亮的深黑色。胸部两侧至肩膀部位有一簇奇异的形状独特的羽毛，每根羽毛中央有大块三角形的白斑，斑点边缘为黑色的条纹；整体表现出了斑驳美丽的外形。翅膀中央为白色，部分有两条纤细的黑色斑纹。飞羽为黑棕色。两侧和尾部为浅灰色，有优雅的黑色波纹。尾羽为深灰色。身体下表面为灰白色。虹膜、腿部和足部为橙红色；蹼颜色更深。

然而，在繁殖期间，雌鸟的羽毛会经历显著的变化，头部和颈部明亮的深绿色羽毛会消失，变成暗棕色，而且胸脯部位的栗色也会完全消失。

我们在彩图中绘制的是一只成年雄鸟和雌鸟。

凤头䴙䴘

英文名 | Great Crested Grebe　拉丁文名 | Podiceps cristatus

凤头䴙䴘

游禽／䴙䴘目／䴙䴘科／䴙䴘属

凤头䴙䴘不仅是同属的所有欧洲物种中身材最大的一种，而且也被认为是最典型的一个物种。它们在不列颠群岛以及欧洲大陆的所有温带地区都是一种本地物种，这些地区的湖泊、大型池塘、河口或者海岸都是凤头䴙䴘常常出没的地带。一年当中的大部分时间，凤头䴙䴘都会在这些环境中栖息，卓越的潜水能力和在水面以下悬浮的本领都能够帮助这些鸟儿躲避危险。我们也收到了来自亚洲和非洲的许许多多的样本，这些凤头䴙䴘与欧洲的这一物种完全相似。

彩图中展示了一只当年的幼鸟，和繁殖期间的雄鸟。在繁殖期间，鸟儿艳丽的羽冠和披肩羽都格外显著。过去的作者曾将把未成熟的凤头䴙䴘当作一个新物种——披肩䴙䴘，而且这些鸟儿的羽毛也与成年鸟类的冬装很相近，因此格外的描述完全是多余的；现代的鸟类学家们已经更正了这一错误。

第三年的鸟儿才会长出丰满的或红色的羽毛，这时候披肩和羽冠才会出现。这种富丽的羽毛只是求偶和繁殖季节中的装饰，而正如我们猜测的那样，在冬季来临的时候，两颊和头部的细长羽毛就会消失。在这一物种以及其同属的其他鸟类身上还有另一个特点值得我们注意。这就是，在大部分同属鸟类死后的解剖中都会发现其胃部中有大团从它们自己的胸脯部位啄下来的羽毛，这些羽毛是它们自己主动吞下去帮助消化的，还是有其他的目的，我们还不得而知。巢穴是用大量的腐烂海生植物堆砌而成，常常建在水边的植物丛中，因此常常会随着这些植物的变化或活动而起伏。鸟卵有3～4枚，为绿白色，有棕色的斑迹。它们的食物包括鱼类、甲壳纲动物和水生昆虫。

冬季羽毛与夏季羽毛很相似，只是完全没有颜色富丽的披肩羽和细长的耳部覆羽。雌鸟和雄鸟在任何季节都不会表现出羽毛颜色的差异。

普通潜鸟

英文名 | *Northern Diver / Common Loon*   拉丁文名 | *Gavia immer*

普通潜鸟

游禽／潜鸟目／潜鸟科／潜鸟属

普通潜鸟这一高贵的潜鸟属物种是同属鸟类中体型最大、特征最典型的物种，也似平均等广泛地分布在整个北半球上。在夏季，北极地区是它们的主要栖息地，而在秋季和冬季到来的时候，它们就会向南迁徙，最远能来到北纬36°的地区。在这些季节里，它们在我们的岛上并不能算罕见的物种，尽管按照自然规律，幼年在秋冬季节会尽可能地飞离自己的繁殖地，但是我们却观察到了更多的未成熟鸟类，而不是羽毛颜色对比生动的成年潜鸟。这种鸟类在各个年龄阶段都会呈现出差别较大的羽毛外形，因此在命名方面引起了极大的混乱。当年的幼鸟尚未长出成熟的羽毛，因此常常被认为是一种新的物种，而第二年的鸟类已经长出了一部分成熟羽毛，也被认为是与当年的幼鸟和成熟鸟类都不同的一个新物种。在我们的海岸边常常可以见到第二年的幼鸟，但是更为常见的其实是当前的幼鸟，而后者甚至在我们内陆的湖泊与河口上也很常见。

特明克先生表述说，在欧洲大陆上普通潜鸟更倾向于海岸边，尽管幼鸟常常出现在较大的河流岸边；甚至连德国和瑞士的湖泊都不乏这些鸟类的到访。普通潜鸟栖息在黑海的海岸边，自然还有地中海的海岸上；我们熟悉这一事实是因为动物学会收到了一只样本，这只样本的毛色是第二年的普通潜鸟的羽毛毛色。

我们提起过幼年的候鸟会做远距离的迁徙；鉴于记录上还没有这一物种在南半球繁殖的记录，我们或许可以合理地推断，这一物种是从它们唯一的夏季栖息和繁殖地——北极地区迁徙到南方地区的。那么我们应该推测这些在黑海发现的鸟儿是从大西洋和地中海飞过去的，还是飞跃了部分陆地，沿着大河道，比如多瑙河、顿河、伏尔加河等。我们倾向于后一种猜想，因为所有的迁徙动物都是遵循着相似的由南向北或者由北向南的迁徙轨迹，若有偏离，幅度也不会很大。

它们获取食物的本领几乎完全依赖于它们卓越的潜水能力。因为无论栖息在海上还是在淡水中，它们都完全以鱼类、水生昆虫等为食。为了捕获这些食物，它们会表现出惊人的敏捷和速度。

它们为了繁殖目的而选择的栖息地通常在内海中的岛屿、湖泊和河流的岸上；它们的巢穴常常安置在水边，这样亲鸟能够更方便地保护和照顾幼鸟和卵。普通潜鸟几乎完全适应了在水中的生活，甚至已经完全不能行走。当它们不得不在陆地上迈步时，就会拼命地用胸脯支撑在陆地上，并且卖力地用足部向后击打土地，动作几乎和游水毫无二致。

雌鸟和雄鸟的羽毛几乎完全一致，成年鸟类的头冠部和颈部为精致的黑色，有紫绿色的光泽；在胸脯部位有一条黑色的横斑，在颈后部也有一条更宽阔的黑色横斑；整个上体表为亮黑色，每根羽毛上有白色斑点，在羽轴两侧各一个，形成排，而肩胛部位的斑点更大、更方，但是在背部和尾部斑点更小，而且形状接近圆形；主翼羽为黑色，无斑点；侧腹和身体两侧为黑色，有白色的斑点；整个胸脯部位和下体表为白色；鸟喙和腿部为黑色；虹膜为红棕色。

当年的幼鸟头冠部、颈后部、上体表和侧腹为浅灰棕色，每根羽毛中央颜色更深；下体表为纯白色；鸟喙、跗骨内侧和交指型膜为肉灰白色；跗骨外侧和爪趾为棕黑色。

彩图中展示的是一只成年雄鸟和一只当年的幼鸟。

红喉潜鸟

英文名 | Red-throated Diver　　拉丁文名 | Gavia stellata

红喉潜鸟

游禽 / 潜鸟目 / 潜鸟科 / 潜鸟属

尽管红喉潜鸟具备同属鸟类所有的共同特征，但是在颜色和性情方面还是与另外两个物种(普通潜鸟和黑喉潜鸟)有很大的区别。这三种鸟类同属于欧洲的该属物种。但是红喉潜鸟却是同属中体型最小的物种，而且也是目前数量最丰富的物种。它们在欧洲的海岸边数量十分丰富，而且在欧洲大陆和美洲大陆相邻的北极地区数量尤其多。尽管红喉潜鸟在海岸边也较为常见，但是这种鸟类还是更倾向于淡水水域和内陆水域。它们在这些水域结冰的时候才会不得不来到海岸边；因此在冬季，英格兰和荷兰的海岸边也是它们最普遍的栖息地，但是红喉潜鸟很少会来到这些地区以南的地方。

与同属的其他鸟类一样，红喉潜鸟也是一种大胆而且有活力的潜水好手。它们细长的鸟喙和身材最完美地适应这项工作。它们主要的食物包括小鱼类、螃蟹和其他的甲壳纲动物。而当它们来到淡水水域上时，青蛙、蝾螈和水生植物也会成为它们的食物。当它们来到高海拔地区时，飞行速度极为迅速，而且具备长时间飞行的能力。

我们从自己的经验来看，可以十分确定地告诉我们的读者，不列颠群岛，尤其是苏格兰、奥克尼群岛和赫布里底群岛都属于它们每年回归的栖息地；我们也没有任何理由去怀疑，欧洲的北方海岸总体上也成了这一物种永久的栖息繁殖地。红喉潜鸟营建一个脆弱的巢穴，材料主要是青草和蔬菜纤维。巢穴常常置于大型湖泊边缘的沼泽草丛中。这些隐蔽安静的地方能够满足它们的安全感。

红喉潜鸟的卵通常有两枚，为深红棕色，整个表面有较大的黑色斑点。幼鸟在刚刚出壳之后就会变得很活跃，会跟随着它们的亲鸟来到水中，并且立即开始寻找食物。它们生长迅速，因此很快就会拥有一身成熟的羽毛。不过要在第一个秋季之后，它们才会完全长出成年红喉潜鸟的羽毛。

我们在彩图中描绘的是一只成年和一只当年的幼年红喉潜鸟。

崖海鸦

英文名 *Common Murre / Foolish Guillemot*　拉丁文名 *Uria aalge*

崖海鸦

游禽／鸻形目／海雀科／海鸦属

　　这一著名鸟类的真正自然栖息地普遍分布在两个半球的北部地区，而且或许应该是同科海洋性鸟类中数量最丰富的一个物种。从它们的生活习性和特点来看，它们完全是水栖性的，海洋是它们的永久栖息地。而在繁殖季节到来的时候，它们就会聚集在悬垂于大海之上的陡峭的悬崖绝壁上。在这些地方，还栖息着大量的海鹦、鸬鹚、刀嘴海雀以及海鸥，形成了一幅十分生动新颖有趣的画面。它们持续的聒噪夹杂着大海的咆哮，对于大自然的爱好者们来说完全是一场耳朵与眼睛的双重盛宴。

　　海鹦在岩石中寻找洞穴，鸬鹚和长鼻鸬鹚则栖息在最高的崖壁上，宽翅海鸥则栖息在最低层，在稀疏的植物中间，而海雀则占据了岩石表面的中央壁架。在这些地方，成千上万只鸟儿一起耐心地履行着孵卵育雏的工作，每一只鸟儿端坐在它们庞大的巢穴之上。要不是这些巢穴结构造型独特，幼鸟分分秒秒会被风从狭窄的岩石上吹落下去。在繁殖季节过去之后，这些鸟儿又会带着刚刚降临到世上的幼鸟一起返回大海上去，直到第二年春天，它们才会横穿宽广的大海，再次来到这些岩石峭壁上。

　　在繁殖之后，这些鸟儿会经历一次不完全的换羽；它们几乎同时失去了主翼羽，仿佛要在很长的时间中不能飞行。不过这一情形并不太重要，因为它们的潜水能力也极为惊人，可以通过潜水来轻易地躲避敌人。在这一时间中，它们两颊上的暗黑色羽毛也会消失，取而代之的是漂亮的白色。在任何季节中，雌鸟和雄鸟在羽毛方面都没有明显的差异。

　　在冬季降临之前，它们就会从这些地区逐渐地向南方迁徙，而在春天到来，大批的鱼群回归到这里的时候，这些鸟儿也会追随着这些可口的食物而来。

　　彩图中展示的是一只成年崖海鸦和一只当年的幼鸟。

大海雀

英文名 Great Auk   拉丁文名 Pinguinus impennis

大海雀

游禽／鸻形目／海雀科／大海雀属

在大海雀这一高贵的物种身上我们看到了与真正的企鹅之间极大的相似性。大海雀也缺乏飞行的能力，它们狭窄细长的翅膀在水中是很好的船桨，却不是有用的飞行工具；除此之外，或许还能帮助这些鸟儿笨拙地爬上岩石壁架，在那里产下一枚卵。这也是大海雀在一生中唯一离开大海、来到陆地上的机会。

极地海洋充斥着残酷的风暴和巨大的冰山，却是它们最适宜的栖息地；我们可以说大海雀几乎完全是在这样的环境中度过一生的。它们在最严峻的寒冬中依然安然无恙地度过，因此人们很少能看见这种鸟儿向南方迁徙，哪怕是来到不列颠群岛北方的海岸上。我们可以合理地推断，大海雀的栖息地分布在整个北极地区。在这一地区，人们常常可以看见它们宁静地卧在一块浮冰之上。

与普通的刀嘴海雀相似，大海雀的喉部和颈部羽毛每年也会经历一次变化，春夏季节漆黑的羽毛在冬季会被白色的羽毛取而代之。尽管大海雀缺乏在空中飞翔和在陆地上自由地行走的能力，但是它们极为卓越的潜水和水中栖息的能力充分地弥补了这些不足；它们可以十分自由惬意地在水中栖息，追逐猎物并且在波涛中嬉戏。它们的食物几乎完全为各种鱼类，而且不管这些鱼类游水的本领有多么高超，速度有多么快，它们都能十分敏捷熟练地将其捕获。

大海雀只产一枚卵，卵被产在裸露的岩石之上或海浪刚刚拍击不到的自然裂缝中；颜色为白色，有浅黄色的着色和黑棕色的斑点。幼鸟孵化出壳之后就能立即下水，跟在亲鸟身后自信无畏地游水觅食。

雌鸟和雄鸟不仅在羽毛方面，在身材方面也没有可辨别的不同。在夏季，整个上体表为黑色，只有眼睛下方和副翼羽、翮羽端部有一大块白斑；整个下体表为白色；鸟喙和腿部为黑色，前者有倾斜的横向浅色皱褶。

彩图中展示的是一只夏季的成年大海雀。

侏海雀

英文名 Little Auk / Dovekie   拉丁文名 Alle alle

侏海雀

游禽／鸻形目／海雀科／侏海雀属

我们彩图中所示的这一有趣的小海洋性鸟类栖息在从我们的纬度向北直到北极布满了永久寒冰的地方。在新旧大陆接近北极的地区，侏海雀的分布同样普遍，数量也几乎同样多。在这些气候恶劣的高纬度地区，它们群居生活，数量极为丰富。但是一些船只会行驶到它们的栖息地，对它们进行捕杀；当地的因纽特人也会捕杀一些这样的动物。它们的肉质被认为健康又鲜美，而且也能够给他们的饮食带来有益的调节。据说这种鸟类十分温顺，很容易就能够被捕捉到。这一情形解释了为什么大量侏海雀能够被捕获，因为毕竟只有居住在它们栖息地边缘的少量爱斯基摩人和从事捕鲸活动的人能够打扰到它们的生活。

人们发现，这片荒蛮甚至神秘的地方几乎是侏海雀安全的避风港和繁殖地，而且也十分适合它们的生活习性和生活方式；只有在最需要的时候，也主要是气候最严峻的时候，它们才会短暂地离开这一地区，而来到温暖的地带。因此，它们到访不列颠群岛和欧洲大陆，应该被看作偶然事件，不是定期的规律迁徙。侏海雀的幼鸟与大部分鸟类的幼鸟一样，离开自然栖息地的迁徙距离是最远的；我们发现的例证包括出现在荷兰、法国和德国的侏海雀，平均10只幼鸟才能见到一只成年侏海雀。对于这一物种是否会在我们北方的一些岛屿上繁殖这一问题，我们也格外关注。我们得知一只样本在繁殖季节来到这一地区，而且它的羽毛是成年鸟儿的羽毛。然而，除此以外，我们并没有收集到更多的证据，来证明这个问题的答案是肯定的。因此这一问题还有待于一些热情的博物学家们去补充更多的信息。

与同科的其他鸟类一样，侏海雀一生中的大部分时间都是在海上度过的，它们在这里可以自由自在地玩耍，英勇无惧地寻找食物。它们的食物主要包括海生昆虫、小甲壳纲动物以及鱼类。它们能够敏捷熟练地下潜到水中寻找这些食物。

尽管雌鸟和雄鸟只有很少，甚至没有差别，但是它们的羽毛都会经历季节性的显著变化，如我们在彩图中所示。彩图中喉部为黑色的鸟类是夏季的颜色；在这一季节，整个头部、颈部和上体表为黑色，只有副翼羽上有横向的白色斑纹；肩胛部位边缘为同样的颜色，每只眼睛上方有一个小白斑；胸脯部位和下体表为纯白色。冬季的鸟儿，以及当年的幼鸟，喉部与整个下体表一样，都为纯白色；鸟喙为黑色；腿部和足部为棕黄色。

这一物种的鸟卵长有4厘米，宽为2.5厘米，为均匀的淡蓝色，颜色与欧椋鸟的鸟卵相似。

我们在彩图中绘制的分别是夏季和冬季的侏海雀。

北极海鹦

英文名 | *Puffin*　拉丁文名 | *Mormon fratercula*

北极海鹦

游禽／鸻形目／海雀科／海鹦属

对于维持基本的生存至关重要的一些器官，大自然似乎有着格外的兴趣去做一些让我们不能理解的调整。我们参透不了自然全部的秘密，也琢磨不出她的动机。但是我们越想找到其中的答案，就应该越仔细地去观察她做出的调整。我们之所以要说这样的一番话，正是因为北极海鹦这一物种身上有着一个非凡的变化。鸟喙的显著变化让我们困惑不解，因为以同样的食物为食、行为特点也相同的一些鸟类的鸟喙都并非如此。

第一眼看见北极海鹦这一物种，它们短而笨拙的身形以及形状奇怪而颜色鲜艳的鸟喙都会让我们惊异万分，然而这只是这一种非凡的海洋生物的一方面特征。尽管它们的身形圆润笨拙，但是它们却展示出了十分敏捷和卓越的行动能力，速度甚至如离弦的箭一般。它们的鸟喙，厚重而且扁平，边缘尖锐，是在海水中觅食的有力工具。与有利于灵敏而轻松潜水的身形相结合，鸟喙的这一结构保证了这一物种能更好地适应海水中的生活。然而，它们的羽毛厚、密集而且平滑，可以甩走任何一滴水珠，保证它们的羽毛不被打湿。鸟喙除了被用来作为破水前行的利器，对于无数在水面上游动的鱼类和鱼卵来说，也是威力巨大的破坏武器。至少在繁殖季节，北极海鹦会灵敏地捕捉到许多这样的鱼类。这些鱼儿的头部被整体地楔在鸟喙之中，而鱼儿的躯干和尾部则整齐地排列在两侧鸟喙外面。我们常常观察到，当北极海鹦的鸟喙中这样装满了鱼儿之后，它们就会飞回家中，在它们的配偶或新孵化的幼鸟身边停下来。然而，幼鸟也会很快地下水，并且适应水中的生活。在它们还不能飞行之前，它们早早地就能够跟在亲鸟身后在水中自在地嬉戏，潜水寻找食物。

亲鸟们总是十分关爱这些幼鸟，会殷勤地照顾它们。有危险靠近时，亲鸟会表现得十分不安。

北极海鹦的分布范围十分广阔，在繁殖季节里会出现在我们海岸上陡峭的岩石地区,尤其是怀特岛高耸的尖锐岩石、威尔士崎岖的悬崖海岸、苏格兰、奥克尼群岛和赫布里底群岛,以及欧洲和美洲大陆的北部海岸上。然而,北极海鹦也不总是一成不变地栖息在岩石壁架的裂缝中,有时候人们也会发现野兔废弃的洞穴或者近海地面上的其他洞穴都会被繁殖期的北极海鹦利用。在这些洞穴中它们不会再格外筑巢,而是直接产下1~2枚卵,卵为均匀的灰白色。孵化出壳的幼鸟身上覆盖着长长的精致的煤黑色绒毛;它们的鸟喙如我们能预料到的一样,在尺寸和颜色方面都未完全发育,不过它们还是具备了成年鸟儿身上最鲜明的特征;颚部两侧还没有发育出成年鸟儿那样的深皱褶。随着它们不断长大,整体羽毛就会与成熟北极海鹦相似,但是颜色还要更加模糊。

成年雌鸟和雄鸟不会表现出外在的性别差异,整个上体表的颜色为深棕色,接近黑色,有铜色的光泽;颈部有相同颜色的羽领;两颊为白色,下部有细腻的灰色阴影;整个下体表为白色;鸟喙基部为蓝灰色,渐变为亮红橙色,在上颚有3条倾斜的皱褶,下颚有2条;嘴裂上有裸露皱褶的膜;虹膜为蓝灰色;眼睛边缘为橙色;眼睛上方和下方、眼睑边缘有小角质团,为深蓝色,眼睛下面的部分比较狭窄,长度只有0.4厘米;它们的用途目前仍然未知;腿部为橙色。整个体长为28~30厘米。它们的食物包括鱼类和海生昆虫。

我们在彩图中描绘的是一只雄性和一只雌性北极海鹦,展示出了这一物种独特的外貌。

白鹈鹕

白鹈鹕

游禽／鹈形目／鹈鹕科／鹈鹕属

那些极为想要观赏真正自然状态下这一高贵鸟类的读者们，只需要到访欧洲的南部和东部就可以满足他们值得赞赏的好奇心了。尽管非洲的热带地区和印度构成了它们的自然栖息地，但是欧洲的东部河流，比如多瑙河和伏尔加河，匈牙利和俄国的大片湖泊水域，以及地中海的海岸边，都是大量白鹈鹕栖息的地方。这是一种严格的旧世界的物种，在整个旧世界上白鹈鹕的分布都比较普遍。特明克先生说，从埃及和南非寄来的白鹈鹕样本都与在欧洲获得的样本完全一致。

白鹈鹕是一种身材极大的物种，体长将近1.5米，翅膀伸展的体宽也有3.6～4米。它们最杰出的两个特点，一是寿命极长，二是羽毛完全成熟要很长的一段时间。第一年的幼鸟羽毛完全为棕色；背部和胸脯部位的羽毛宽阔圆润。成年鸟儿的披针状的羽毛，以及玫瑰红色的光泽要随着幼鸟慢慢生长才会逐渐长出来；从我们有机会进行半圈养的白鹈鹕样本那里我们观察判断到，这种鸟类要完全成熟需要5～6年的时间。

白鹈鹕的食物为各种鱼类，它们捕捉鱼类的技巧同样十分娴熟和敏捷；尽管它们强壮的身材和巨大的鸟喙似乎与我们的这一判断相抵触，但是这却是事实。在它们灵敏地追捕下，甚至连小鱼苗和鳝鱼也难以从它们的嘴下逃脱。尽管在水面上它们表现得轻盈灵活，但是白鹈鹕却几乎没有潜水并在水底觅食的本领。因此，为了捕获足够的食物，小水湾和河流才是它们主要的觅食地。然而，偶尔它们也会飞到天空中一定的高度，在那里它们寻找着可以吞吃的鱼儿，在锁定了目标之后，就会立即冲下去，强大的冲击力会使它们来到水底。在准确无误地捉住了目标之后，它们轻盈的身材又能保证它们几乎瞬间内再次升到水面上来。

雌鸟会用粗糙的芦苇草茎在地面上编织起一个巢穴。这个巢穴的直径通常有0.5米，内衬为柔软的青草。雌鸟会在其中产下两枚甚至更多枚卵。卵表面为白色，与天鹅卵相似。在繁殖育雏期间，亲鸟会殷勤地为雏鸟寻找食物，并用硕大的喉囊带给雏鸟。这是白鹈鹕最显著的一个特点,也是在"任何动物的结构中能发现的最鲜明的附属物。尽管这一部分几乎完全收缩隐藏在中空的下颌中,但是它们的容量也十分惊人。甚至将一个人的脑袋装进里面也十分轻松。在捕鱼的时候,白鹈鹕并不会急于吞下自己捕获的食物,而是先慢慢地将一部分装满,接着才回到海滩上悠然自得地享受自己的劳动果实"。(肖,《普通动物学》)

白鹈鹕可以在圈养条件下很好地生存,尤其是在有足够的空间让它收拾羽毛和洗漱的时候。它们不会讲究活鱼还是死鱼,总是会大口地吞咽;若是获得了足够多的鱼,它们就会表现得满意知足。

尽管白鹈鹕具备栖树的能力,但是它们还是更喜欢岩石海岸。若是为了驻足休憩,后者也是它们最好、最常见的选择。在平坦的地面上,它们的行走方式显得尤为笨拙且难看。在空中飞行时也显得笨重而且费力。

上颚的上部有一条猩红色的斑纹,余下部位基部为红色,端部为黄色;下颚为淡红色;喉囊为红黄色;眼睛周围的裸露皮肤为肉色;后头部略微有羽冠;整体羽毛为白色,有深深浅浅的橙红色着色,只是羽冠和颈下部悬垂的一些羽毛为淡黄色,主翼羽和小翼羽为黑色;腿部为肉色;脚爪为灰色;虹膜为淡褐色。橙红色的着色分布在整体羽毛上,在繁殖季节尤为明显。

我们在彩图中描绘的是一只成年雄性白鹈鹕。

卷羽鹈鹕

英文名 | *Dalmatian Pelican*　拉丁文名 | *Pelecanus crispus*

卷羽鹈鹕

游禽 / 鹈形目 / 鹈鹕科 / 鹈鹕属

当前这一身形十分惊人的物种在欧洲的海岸上长久以来都一直逃脱了人类的注意，我们不禁怀疑在那些鸟类学家们审视的目光还未穿透的遥远国度中究竟还生存着一些怎样奇异的物种。尽管这一物种直到几年前才被科学界注意到，但是毫无疑问它们在被发现的地区已经栖息生存了很久，而且数量也十分丰富。我们插图中的卷羽鹈鹕参照的样本来自一位男爵，是他在达尔马提亚海岸上捕杀的24只卷羽鹈鹕中的一只。

这位男爵在向我们寄送这只样本的同时附上了一封信件，他在其中写道："我于1828年在达尔马提亚捕杀了第一只这种来到我的视野中的鸟儿。我将这只样本寄给了维也纳内阁。两年后，卢百乐和基特利茨先生在阿比西尼亚遇到了这一物种，但是它们在这一地区似乎很稀少，因为这两位先生仅仅获得了一只样本。1832年，我发表了一篇对于这种鸟儿的描述，认为它的名字是'卷羽鹈鹕'。许多鸟类学家都一致认为在欧洲只有一个鹈鹕物种，因此他们给了这一物种'onocrotalus'的种加词，他们注意到这种鸟儿的身材大小与它们栖息地的气温有关。我拥有几只来自欧洲和好望角的真正的白鹈鹕样本，这几只样本在重要的特征上都十分相似：比如，跗骨的长度是相等的，而且眼周裸露的部位大小相似，然而在摩尔达维亚捕杀的一只样本这部分却小得多。卷羽鹈鹕之所以逃脱了自然学家们的注意，我想是因为还没有哪一个自然学家像我一样能有机会在达尔马提亚同时见到这两种鸟类。在春天和秋天卷羽鹈鹕来到这里，它们格外喜欢与沼泽地接壤的纳兰塔河的奥普斯堡附近的地区。它们从波斯尼亚而来，几乎很少会有单独的一只卷羽鹈鹕出现，而通常是一大群一起出现在这里；我曾经亲眼见到过12只卷羽鹈鹕同时在寻觅鱼类。这种鸟儿十分机警狡猾，很难被射杀到。我在不同的时间里捕获的卷羽鹈鹕有24只之多。

"卷羽鹈鹕与普通鹈鹕的不同之处在于它们拥有一个美丽的羽冠和狭窄细长

的丝质羽毛组成的鬃毛；眼周的裸露部位更小；胸脯部位的羽毛僵硬、为披针形、端部圆润，质地坚韧有弹性；体型更庞大，而且各部分比例都比较大；跗骨更强壮、更短，而且颜色不同。

"在一年当中的所有季节中，成熟卷羽鹈鹕的羽冠或有或无。在阿克尔先生的动物园中，我看到的一只拥有羽冠，而在另一个动物园中的相同物种却不具备这样的羽冠。在其他方面这两只样本是一致的，而且都非常健康；我拥有一只雌性卷羽鹈鹕，这只鸟儿的卵巢发育很好，而且羽冠很大，遮盖住了整个头部。从这一情形我推断这是一只年龄很大的卷羽鹈鹕。"

在它们的生活习性、行为特点、筑巢方式等方面我们还没有掌握更多的细节，但是我们或许可以合理地推测在这些方面，卷羽鹈鹕与同科的其他鸟类是相似的。

"眼周裸露的皮肤为红色，接近鸟喙的部分为蓝色；上颚为灰色，渐变为蓝色和红色；鸟喙下的喉囊为血红色，混杂着蓝色；足部为蓝灰色；头部有羽冠和茂密的羽毛，该部分与整个上下体表为银白色。"

尾羽有22支，该部分的羽轴以及肩胛部分和副翼羽的羽轴为黑色；主翼羽为深棕色；胸部有淡黄色的着色。

很少见到的幼鸟整体为棕灰色，羽毛颜色更精致密集，外形比成年鸟类更柔滑。

我们对这一高贵而精致物种做了描述，但在最后我们必须要表达对我们尊贵的朋友阀安格男爵最温暖的感谢。他慷慨地寄来的卷羽鹈鹕样本以及有趣的文字叙述都让我们获益匪浅，而且我们也在此拙作中将他的部分文字做了引用。

彩图中展示的是一只成年和一只幼年卷羽鹈鹕。

普通鸬鹚

英文名 Common Cormorant　　拉丁文名 Phalacrocorax carbo

普通鸬鹚

游禽 / 鹈形目 / 鸬鹚科 / 鸬鹚属

我们在插图中展示的这只精致但是颇为常见的鸟儿正披着一身漂亮的婚羽。这种鸟儿在一年当中只有一个月多一点的时间会长出这样的羽毛。这一状态下的特点主要包括头部两侧和颈部的狭窄的白色装饰性羽毛，以及细长的黑色羽毛组成的后头部的羽冠悬垂至颈后部，和两条大腿外侧的纯白色斑块。这一显著的羽毛在雌鸟和雄鸟身上都很常见，会在2月底或3月初表现出来，在这段时间中这一物种也开始筑巢繁殖工作。在这之后，白色的装饰性羽毛渐渐消失，取而代之的是均匀的蓝黑色。普通鸬鹚要在第三或第四年以后才表现出羽毛的这一特点，在此之前它们身着的幼年羽毛是暗棕色的，而当年的幼鸟下体表则为整齐的白色。这些显著而且对比鲜明的变化让过去的一些博物学家们认为不同阶段的这一物种都是独立的新物种；但是进一步的仔细观察证明了它们的身份，这些差异只是由年龄和季节引起的。

普通鸬鹚在不列颠群岛的海岸上分布均匀而丰富，它们常常会来到靠近海洋的内陆湖泊和河流上，尤其是那些在冬季不会结冰的水域。普通鸬鹚偶尔会栖息在树枝、高塔和岩石凸起上。尽管悬垂于海洋上的陡峭岩石壁架是它们最主要和最喜欢的繁殖地，人们还是发现它们偶尔会在树上，甚至地面上筑巢繁殖。在范恩群岛和荷兰广袤的芦苇丛中就是这样的情形。它们的巢穴通常是用干枯的海草杂乱地堆叠在一起，厚度有时极大。鸟卵通常有3枚，为绿白色，有白垩色的包衣，与这种鸟儿的体型相比，这些卵非常小。

在游水的时候，普通鸬鹚的身体几乎完全浸没在水面以下；尾羽充当了非常有效的船舵，在它的帮助下，这种鸟儿可以敏捷迅速地潜入水中或者转向。

在食物方面，从它们的力量和结构我们可以自然地猜测到，几乎只包括各种鱼类。它们会潜入水中，在水底追逐捕获这些鱼类。它们膨大的喉部允许它们吞咽个头极大的鱼类。我们可以很自然地想到这种鸟类在一年当中不同的季节里吞食掉的鱼类数量以及对鱼群造成的破坏都是很惊人的,因此它们对渔民们造成的影响也可想而知。它们在整个欧洲大陆上的分布与在不列颠群岛上类似,在北方的岩石海岸上数量更加丰富。

春季羽毛:头后部有长羽,细长明亮的深绿色羽毛形成了羽冠;在喉部有纯白色的羽领;头冠部、颈大部以及大腿部位有长长的纯白色丝状羽毛;背部和翅膀的羽毛为灰棕色,中央为古铜色,宽阔的边缘为明亮的黑绿色;飞羽和尾羽为黑色,下体表的整体颜色也是如此;鸟喙为暗白色,有黑色的斑点和横纹;脸部的裸露皮肤为黄绿色;虹膜为亮绿色;跗骨为黑色。

冬季头冠部、颈部和大腿部位完全没有春季的白色羽毛,下体表的其余部位为黑绿色。

幼鸟的头冠部和上体表为深棕色,有绿色的光泽;整个下体表为白色,随着成长会出现深深浅浅的棕色斑点。

我们彩图中展示的是一只成年雄性鸬鹚,为春季羽毛,和一只当年的幼鸟。

黑颈鸬鹚

英文名 | Little Cormorant　　拉丁文名 | Phalacrocorax niger

黑颈鸊鷉

游禽／䴙形目／鸊鷉科／小鸊鷉属

黑颈鸊鷉的身量要比同属的其他欧洲物种小很多。它们真正的自然栖息地在欧洲东部地区。在匈牙利的一些地区这种鸟类最为常见，尤其是在多瑙河下游沿岸地区。在奥地利它们十分罕见，而在德国则几乎很难见到黑颈鸊鷉。从它们在欧洲栖息的地区我们会很自然地推测，在相邻的亚洲地区，这一物种的分布也很广泛，而且我们得知在俄国的亚洲部分地区这一物种的数量极为丰富。

黑颈鸊鷉的羽毛也会发生季节性的变化，而且不同年龄段鸟儿的羽毛也有所不同，这些方面的情形都基本与普通鸊鷉十分相似；当年的幼鸟整个上体表有常见的棕色着色，胸部和下部分为斑驳的灰白色；随着它们接近成熟，这些羽毛又会被清晰明亮的深黑色和黑色羽毛取代。在求偶交配季节中，和普通鸊鷉一样，它们的身上暂时地出现了无数细长的羽毛，为白色，主要分布在头部两侧、颈部和大腿部位。尽管我们有足够的理由相信雌鸟和雄鸟都会发生这一变化，但是我们还是不能充分肯定这一推断。

夏季的成年雄鸟整体羽毛为明亮的黑绿色；背部和翅膀的每根羽毛边缘为黑色；颈部、头部和大腿部位装饰着丝状的白色羽毛；余下的羽毛为黑色。

冬季羽毛与夏季羽毛相似，只是头部、背部和大腿部位完全没有白色的羽毛。

彩图中展示的是一只雄性黑颈鸊鷉，羽毛正经历从冬季向夏季的过渡。

普通燕鸥

英文名 *Common Tern*　拉丁文名 *Sterna hirundo*

普通燕鸥

游禽／鸻形目／鸥科／燕鸥属

尽管普通燕鸥并不是普遍地分布在我们的海岸上，但是它们的数量却非常丰富。在南方的海岸上数量最多，而在北方这个物种的分布则相对稀疏，而北极燕鸥则更普遍而专一地出现在这一地区。

人们现在已经完全证实，普通燕鸥的分布地并不包括美洲大陆，而在该大陆上另一种相近的鸟类取代了它们的位置。

我们还没有完全满意地弄清楚普通燕鸥在旧大陆上的栖息地到底有多广泛。然而当我们沿着我们的小溪和河流溯源而上时，总会发现这些海上的小精灵般的鸟儿正毫无畏惧地绕着我们的小船寻找鱼类。没有什么能比观察它们摆正姿势，蘸水取鱼更赏心悦目的事情了。当它们无比专注的目光捕捉到一条足够靠近水面的鱼儿时，它们就会准确无误地对准目标，并且猛地冲上去，速度十分惊人。这种捕食方式让我们想起了陆栖鸟类中的喙裂一族的鸟类，而普通燕鸥也真的可以被看作是海洋上的燕子，它们修长尖锐的翅膀、小而有力量的身体都格外适应迅速而持久的飞行。这也是为什么它们能够毫不疲惫地横越无垠的深渊。

普通燕鸥在高水位线以外的沙地或鹅卵石上繁殖。它们不会营建巢穴，只是在地面上挖出一个浅浅的坑。雌鸟将两三枚卵产在其上，鸟卵的颜色差别较大，有些是深橄榄绿色，有些则是奶油色的，但是都有黑棕色和灰色的斑点。塞尔比先生说："在温和晴朗的天气里，亲鸟几乎不需要坐窝孵卵，太阳光照的热量就足够了。但是在夜里亲鸟会坐窝孵卵。当然在天气不那么好的时候，白天坐窝也是必要的。亲鸟会殷勤地照顾出壳后的雏鸟，会陪伴着它们来到海边，也为它们提供充足的食物，直到它们能够独自飞翔。在孵卵期间，亲鸟们会表现得十分不安，任何人靠近它们的繁殖地，它们都会大声地聒噪起来，并且会在四周飞舞，时常落下来甚至攻击进犯者的帽子。"

彩图中展示的两只成年普通燕鸥，一只在冬季，另一只在夏季。

北极燕鸥

英文名 | *Arctic Tern*　拉丁文名 | *Sterna paradisaea*

北极燕鸥

游禽／鸻形目／鸥科／燕鸥属

多亏了特明克先生，我们才知晓当前这一物种与普通燕鸥是不同的物种。北极燕鸥与普通燕鸥的相似程度非常高，我们甚至需要将两个物种进行细致的比对才能发现两者的差异。我们在正文中对这两个物种的详细描述会揭示出这两个物种之间最细微的差别，我们相信这就会消除掉辨别这两个如此相似的物种存在的巨大困难。我们自己也有充足的证据相信这一物种是我们许多海岸上的常见鸟类，而且它们的数量也极大，但是尤其是在北部海岸以及附近的岛屿，奥克尼群岛和设得兰群岛上，北极燕鸥甚至会定期来此繁殖。根据十分可靠的信息，我们知道这些燕鸥尽管有着十分亲密的亲缘关系，却几乎不会在一起繁殖。尽管它们的繁殖地通常分布在同一个地区，但是不同的物种还是保持在独立的一片区域上繁殖育雏。因此，一个物种可能占据了一片岛屿，或者岛屿上的一部分区域，而另一个物种则占据了另一个岛屿或另一片区域。这是一个有趣又非凡的特征。

特明克先生告诉我们，在北极地区，北极燕鸥尤其常见，而且他认为北极地区是它们真正的自然栖息地。我们有机会观察了这一物种在各个阶段的表现，我们发现北极燕鸥与它们的近亲们在这方面完全相似。北极燕鸥总体上更小、更纤细，尾羽更长更优雅，鸟喙全部为红色，更纤弱，从喙裂到端部的长度也要短2.5厘米。跗骨也相对更小，长度仅仅有1.5厘米；除此以外，颜色也要更均匀，几乎整个体表，包括上部和下部都为蓝灰色的羽毛；头部和颈后部为黑色。

它们在海滩上的鹅卵石间孵卵育雏，雌鸟会产下2~3枚卵，与普通燕鸥鸟卵的颜色和特征都相似，但是更小一些。

我们在插图中描绘的是一只夏季的雄性北极燕鸥。

笑鸥

英文名 | *Laughing Gull*   拉丁文名 | *Larus atricilla*

笑鸥

游禽／鸻形目／鸥科／豚鸥属

区分利奇博士的叉尾鸥属(利奇博士认为笑鸥属于叉尾鸥属)与鸥属的特征不仅包括外形的明显差异,还有几个部分的颜色的不同,以及该属中的各物种在不同的季节经历的变化;比如说,鸟喙和腿部为亮红色,头部在春季从白色变为黑色或深巧克力棕色,而后一种颜色完全只出现在繁殖季节,在秋天降临时就会消失;除此以外,我们还发现幼鸟会经历十分不同的羽毛渐变,与大部分鸥类不同。除了这些颜色方面的变化,我们还能观察到这个物种的整体身形要更轻更优雅,鸟喙更纤弱,跗骨更纤细;而且它们也会选择完全不同的地方来繁殖育雏,低洼平坦的土地常常是它们的选择。而这些地方常常要离开大海一定的距离,巢穴放置在地面上。而大部分鸥类则将巢穴建在海边的岩石壁架上。

栖息在我们岛屿上的笑鸥同属鸟类中,笑鸥是目前为止最常见,也许是最优雅的一种鸟类。在夏季期间,它们为了繁殖育雏,成群地聚集在一起。它们来到我们靠近海岸边的沼泽岛屿上,在这之后它们又会再次回到海上,或者大型河流的河口上。在这一季节中,我们的整片海滩都能看到它们的踪影,但是头部明亮的巧克力棕色已经消失,这样的羽毛是它们在繁殖季节的突出特征。在总体的生活习性、行为特点和飞行方式上,它们与其他的鸥类一致。尽管它们较轻盈的外形和长长的跗骨都完全显示出它们在陆地上的行为会更加敏捷和迅速。据说它们在德国和法国是一种候鸟,但是在荷兰一年到头它们的数量都十分丰富。它们的食物包括各种昆虫、蠕虫、软体动物以及小型鱼类。

彩图中展示的是一只成年笑鸥和一只当年的幼鸟。

银鸥

英文名 | *European Herring gull*　拉丁文名 | *Larus argentatus*

银鸥

游禽 / 鸻形目 / 鸥科 / 鸥属

银鸥在英国的海岸上，以及欧洲大陆的海岸上分布都十分丰富。它们一年到头都会栖息在我们的岛屿上，有时会到访我们的湖泊、河流和内陆水域。不列颠群岛以及荷兰的海岸或许是这一物种在最南方的栖息地。特明克先生告诉我们，尽管幼鸟时常会在地中海的海岸上栖息，但是成年银鸥几乎从来没有在这一地区出现过。它们会在我们自己海岸边的岩石地区上繁殖，尤其是在怀特岛、威尔士、苏格兰以及相邻岛屿的海岸；除此之外，还有挪威狭长陡峭的海岸和整个波罗的海的海岸。在繁殖期间，这些鸟儿会大批聚集，海雀、刀嘴海雀以及海鹦也常常与它们在同一个地区栖息。银鸥用海洋植物来营建巢穴。它们的巢穴建在岩石壁架，或一些植被如海蓬子或青草覆盖的高地上。雌鸟会产下2～3枚卵。鸟卵有6厘米长、4厘米宽，为绿橄榄色，有黑色和灰棕色的斑点；在底色的深度以及斑点的分布上不同的鸟卵并不是完全一致。除了在不同的生长阶段羽毛发生的变化，在成熟鸟儿的身上每年还会发生另外一个变化。这一点与常见的自然规律是不同的。

在冬季，头部、颈部和胸部没有繁殖季节的纯白色羽毛，这些部分的羽毛上有纵向的棕色斑纹，因此会呈现出斑驳的外形；余下的羽毛则没有变化。背上部和肩胛部位为纯蓝灰色；飞羽为黑色，每根羽毛端部为白色；尾部、尾羽和整个下体表为均匀的白色；鸟喙为黄色；下颚的角状突出为亮红色；裸露的眼周皮肤为黄色；虹膜为细腻的稻草黄；腿部和足部为肉色。体长约为55厘米。银鸥至少要在第三年才能长出完全成熟的羽毛。第四年，这一鸟类就会长齐完全成熟的羽毛。然而，很可能在羽毛未完全成熟之前它们就会开始繁殖，因为我们见到过坐窝孵卵的鸟儿身上不仅有未成熟的羽毛，也有白色和蓝色的成熟羽毛。

我们在彩图中描绘的是一只成年雄鸟和一只第二年的幼鸟。

海鸥

英文名 | Common Gull　　拉丁文名 | Larus canus

海鸥

游禽 / 鸻形目 / 鸥科 / 鸥属

海鸥是我们的海上最常见的一种鸟类，而且几乎在每一片海岸上都能看到它们的身影。除此以外，海鸥也是一种留鸟，据塞尔比先生说，它们会在陡峭的岩石海岬上繁殖，这些地方"常常悬垂于海面上，有时也在岛屿上；或者在湖泊的岸边，我在苏格兰的西部高地上就见到过两三个这样的情形。在圣阿布斯海岬，贝利克郡的一个陡峭的岩石海岬上，在繁殖季节，这些鸟儿的数目十分多，几乎占据了整个绝壁的表面"。

它们的巢穴是用海草和野草编织而成；鸟卵通常有2枚，有时也有3枚，为黄白色，有不规则的棕色和灰色斑块。

有时，尤其是在冬季，人们常常能看见这些鸟儿飞到离海岸一定距离的地方，常常还会与秃鼻乌鸦一样追随着农人的犁铧，小群海鸥一起在新翻的土地中寻找蠕虫、昆虫和它们的幼虫。

据说海鸥的栖息地分布十分广泛。它们会在大部分北极地区度过夏季，也同样地栖息在与北极地区接壤的北美、欧洲和亚洲地区。在冬季到来的时候，它们就会向南方迁徙，会在欧洲的大部分温带地区停留一段时间。

在冬季，头部、后头部、颈背和颈两侧为白色，有棕色的条纹；翁、肩胛部位以及翅膀覆羽为珍珠灰色；主翼羽为白色，端部为黑色，前两只黑色部分中有一大块白斑；下体表，尾部和尾羽为纯白色；鸟喙基部为蓝绿色，在端部逐渐变为赭黄色；嘴裂为橙红色；眼周裸露的皮肤为红棕色。在春季，头部和颈部的棕色条纹会消失，这些部分变成完美的纯白色；鸟喙变成深黄色，眼睑变成亮朱红色。

如上文陈述，幼鸟起初有斑驳的灰棕色、灰色和白色斑纹，这些羽毛会在连续的换羽中逐渐变成成熟的羽毛；腿部和爪趾为粉灰色；鸟喙基部为肉红色，端部为黑棕色。

我们在彩图中描绘的是一只成年和一只幼年海鸥。

大贼鸥

英文名 *Great Skua*　拉丁文名 *Catharacta skua*

大贼鸥

游禽／鸻形目／贼鸥科／中贼鸥属

大贼鸥是新旧大陆上高纬度地区的物种；它们总是栖息在欧洲大陆的北部海上；尽管我们相信它们并不会在北美地区栖息，库克船长发现在南方大陆端点的马尔维纳斯群岛上，大贼鸥的数量极其丰富；金船长在他最后一次在麦哲伦海峡和火地岛上调研时搜集的几个样本在经过仔细观察后发现与我们的大贼鸥是完全一致的。在欧洲，奥克尼群岛、设得兰群岛以及斐罗岛都是大贼鸥喜爱的繁殖地；在繁殖期间，雄鸟会变得十分暴躁好斗；然而它们也是栖息地居民们欢迎的客人，因为要是没有这种鸟儿，牧民们的畜群要遭到鹰和渡鸦们大肆的破坏。大贼鸥会猛烈地攻击鹰，只要这一可怕的猛禽出现在它们的领地上，它们就会驱逐这种猛禽。因大贼鸥所做的贡献，当地的居民都愿意真心地保护这种鸟类。

大贼鸥常常被观察到在北方的海岸上成双成对地四处漫游；然而，在许许多多的大贼鸥出现在人们的视野中时，数不尽的鲱鱼鱼群也会来访我们的海岸，追随而来的还有大量其他的鸥属鸟类。这些鸟儿来到这里都是为了一个共同的目的，那就是饱餐一顿。然而大贼鸥的目的却不是单纯地通过自己的努力来捕获足够的鱼儿，而是无休止地骚扰这些鸟儿，凶残地进攻它们，直到它们主动地放弃它们的猎物。不过如此掠夺来的鱼类并不是它们的唯一食物，腐肉、死去的鲸类和软体动物的血肉它们都不会拒绝。我们甚至更加确定，和凶残的猛禽家族一样，大贼鸥也会攻击甚至杀死比它们体型或力量小一些的鸟类。我们相信它们十分有力的爪、强壮弯曲的鸟喙以及高超的飞行能力都能保证它们十分胜任这样的行径。

这种鸟儿的卵与银鸥鸟卵的形状和颜色都相似，只是更小一些，有6厘米长、4.5厘米宽，为橄榄棕色，有深棕色的斑点和斑纹。

我们在插图中描绘的是一只成年雄性大贼鸥。

暴风鹱

英文名 | *Fulmar Petrel*　　拉丁文名 | *Procellaria glacialis*

暴风鹱

游禽／鹱形目／鹱科／暴风鹱属

在这只鸟儿身上完美地展现了大自然无穷的智慧和精妙的设计。暴风鹱分布在神秘的北极地区，在冰冻的土地和浮冰之上栖息。暴风鹱的真正自然栖息地通常离陆地很远；为了让它们安然无恙地度过高北纬度地区最严峻的寒冬，自然赋予了它们温暖茂密的绒毛和油质的羽毛，来抵挡低温和湿气。尽管北极地区是它们真正的自然栖息地，然而在更温和的地区也栖息着一些暴风鹱，比如欧洲和美洲的北部海洋。在整个挪威的狭长海岸，以及荷兰和法国也能够找到一些这样的鸟类。它们也会到访大不列颠的北方群岛，在奥克尼群岛和赫布里底群岛上繁殖育雏，但是在圣基尔达岛上尤其常见。

暴风鹱的食物包括鱼类、软体动物、蠕虫类以及死去鲸类的脂肪；它们也会吞吃任何的油脂或行船上扔下的弃物。为了获得这些食物，它们会大胆地追逐行船，尤其是那些捕鲸船。因此在这些季节里，它们会获得丰富充足的食物。它们在水上非常活跃轻盈，飞行能力也十分卓越。

它们的生存方式使得它们的肉质十分让人厌恶，而且无用。它们的尾部和身体几乎总是浸没在油脂中；在受到攻击或者被惹怒了的时候，这种鸟儿会从鼻孔中排泄出这样的流质，也确实是一件十分非凡和新奇的事。这样的能力似乎专门被用来作为一种自我保护的手段，而且也是这个家族从大到小各物种的一种共同特征；甚至这种优雅的小鸟类也能够十分有力地喷射出这种油性的流体。

暴风鹱会在我们北方岛屿上的岩石悬崖壁架上的青草间产下一枚白色的卵。它们不会筑巢；鸟卵与这种鸟儿的身量相比也足够大，有强烈的麝香味道，而且这一味道还会存留相当一段时间。我们在插图中描绘的是一只成年暴风鹱。当年的幼鸟背部和翅膀为浅灰色和浅棕色。

暴风海燕

英文名 *Storm Petrel*　拉丁文名 *Hydrobates pelagicus*

暴风海燕

游禽／鹱形目／海燕科／暴风海燕属

暴风海燕可以说是最小的蹼脚鸟类，但是无论如何也不能说是最不重要的鸟类。暴风海燕更以"圣母玛利亚的信使"而被人们普遍地知晓，常常出海的船员给予了它们这一名字，因为它们认为暴风海燕是风暴就要降临的象征。

这一非凡鸟类的生活习性和行为特点既是夜行性的，又是海洋性的。在白天刺眼的光芒中它们会躲藏在岩石裂缝中或岩石下。在夜幕降临的时候它们就会从这些地方飞出来，低低地在海面上缓缓地盘旋寻找着食物。在暴风雨降临之前，它们也会飞出来，来到阴沉沉的海面上寻找食物；因此若是行船在海上遇到了暴风海燕，就一定要知道大风和恶劣的天气就要来临了。在海上时，暴风海燕似乎格外喜欢追逐行船，连续几天都不会停在水面上；事实上，它们唯一让自己的飞行器官暂时休息的时候就是伸展着翅膀在巨浪的表面上半飞半行走地滑翔。它们的腿骨似乎专门适应这样的活动，可以在任何相反的压力或者突然的碰撞下灵活地弯曲，而不会折断。在随船飞行时，它们会捡起任何被从船上抛弃的油脂食物，随船行驶翻动的海水中涌起的任何小软体动物也都是它们的食物。

暴风海燕在欧洲的北海岸，尤其是苏格兰的岩石岛屿上数量尤其丰富。在这里，岩石裂缝、稀疏的岩石间都会成为它们的产卵育雏地。偶尔地面上的小洞穴也会成为它们的巢穴。雌鸟会产下一枚纯白色的卵。幼鸟会留在繁殖地上，直到它们的翅膀足够强壮，能够带着它们飞翔。但是它们需要很长的一段时间才能和它们的亲鸟一起飞翔。

成年雌鸟和雄鸟在羽毛方面很相似，都是整齐的煤黑色，尾部有一块白斑；鸟喙和跗骨为黑色。

我们在彩图中描绘的是一只成年暴风海燕。

图书在版编目（CIP）数据

欧洲鸟类 /（英）约翰·古尔德著；宋龙艺译 . —
北京：北京理工大学出版社，2023.4
　（世界鸟类百科图鉴）

　ISBN 978-7-5763-2124-1

　Ⅰ . ①欧… Ⅱ . ①约… ②宋… Ⅲ . ①鸟类 – 欧洲 –
图谱 Ⅳ . ① Q959.708-64

　中国国家版本馆 CIP 数据核字（2023）第 032957 号

出版发行 / 北京理工大学出版社有限责任公司
社　　　址 / 北京市海淀区中关村南大街 5 号
邮　　　编 / 100081
电　　　话 /（010）68914775（总编室）
　　　　　　（010）82562903（教材售后服务热线）
　　　　　　（010）68944723（其他图书服务热线）
网　　　址 / http : // www. bitpress. com. cn
经　　　销 / 全国各地新华书店
印　　　刷 / 唐山富达印务有限公司
开　　　本 / 710 毫米 × 1000 毫米　1/16
印　　　张 / 111　　　　　　　　　　　　　　责任编辑 / 朱　喜
字　　　数 / 1337 千字　　　　　　　　　　　文案编辑 / 朱　喜
版　　　次 / 2023 年 4 月第 1 版　2023 年 4 月第 1 次印刷　　责任校对 / 刘亚男
定　　　价 / 298.00 元（全 5 册）　　　　　　责任印制 / 李志强